国家技术转移人才培养基地(北京)
北京市专业技术人员继续教育基地 系列培训教材

全国农业技术经理人
培训教程

◎ 邓小明　马连芳　张　虹　主编

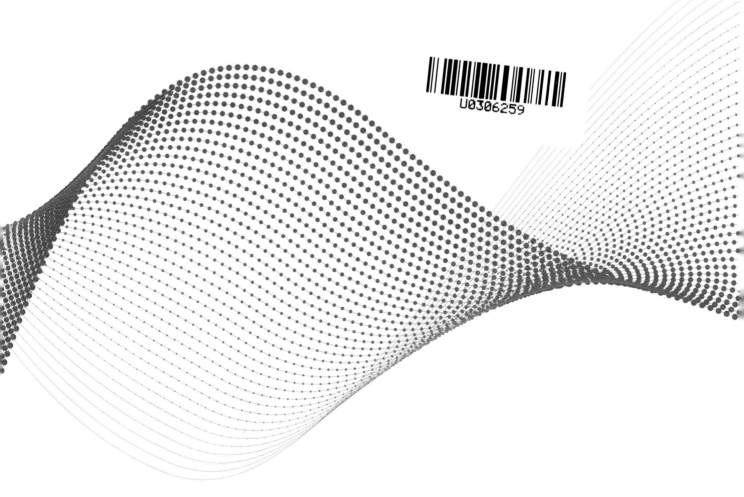

中国农业科学技术出版社

图书在版编目(CIP)数据

全国农业技术经理人培训教程 / 邓小明，马连芳，张虹主编. --北京：中国农业科学技术出版社，2022.5
ISBN 978-7-5116-5734-3

Ⅰ.①全… Ⅱ.①邓…②马…③张… Ⅲ.①农业技术-技术培训-教材 Ⅳ.①S

中国版本图书馆 CIP 数据核字(2022)第 063247 号

责任编辑　穆玉红
责任校对　李向荣
责任印制　姜义伟　王思文

出 版 者　中国农业科学技术出版社
　　　　　北京市中关村南大街 12 号　　邮编：100081
电　　话　(010) 82106626 (编辑室)　　(010) 82109702 (发行部)
　　　　　(010) 82109709 (读者服务部)
网　　址　https://castp.caas.cn
经 销 者　各地新华书店
印 刷 者　北京科信印刷有限公司
开　　本　210 mm×285 mm　1/16
印　　张　10.25
字　　数　300 千字
版　　次　2022 年 5 月第 1 版　2022 年 5 月第 1 次印刷
定　　价　120.00 元

序　一

　　2021 年是我国"十四五"规划开局之年，是"两个一百年"的历史交汇点，是全面建设社会主义现代化国家新征程的开启之年，也是乡村振兴战略之年。全面推进乡村振兴工作，要夯实农业产业基础，狠抓薄弱环节，让农业技术逐步渗透农业产业中的各个链条；全面建设社会主义现代化国家，要不断加强技术创新，让更新迭代的科技创新力量充实到"三农"中去，全面提升"三农"工作效能；实现中华民族的伟大复兴，更是要不可懈怠地组建以人才为核心要素的农业技术专业队伍。

　　农业技术经理人作为农业科技资源和市场经济的连接纽带，既是助力科研成果转化为有效生产力的催化剂，也是组建乡村振兴农业人才队伍的基本手段，日益受到国家和各省（区、市）地方的重视。2015 年 8 月至 2016 年 4 月，国家陆续发布促进科技成果转移转化"三部曲"。地方纷纷以国家方案为指导，出台有关科技成果转化或者科技转化人员的赋权、保障等政策措施。2015 年 12 月至今，全国已有 36 家"国家技术转移人才培养基地"。2017 年 9 月，国务院发布《国家技术转移体系建设方案》，2021 年 5 月发布《国家技术转移人才培养基地工作指引（试行）》的通知，明确基地任务，更好地指导基地建设。这些文件的陆续出台，充分表明技术转移已经发展到了一个新的历史阶段，人才作为不同时代、各个时期的特殊资源和第一生产力，其培养工作依然是各项工作的重中之重。目前，北京市已经把技术转移从业人员纳入专业技术职称评价体系，支持申报技术经纪人专业职称，促进专业技术人才的职业发展。

　　《全国农业技术经理人培训教程》应社会需求而出，适用于国家技术转移人才培养基地开展技术经理人培训，也可作为各级地方科技管理部门开展科技成果转移转化培训、技术转移机构人员开展技术转移服务活动的参考资料，还可作为地方技术转移从业人员职称考试、培训的参考资料。

　　本书结构完整、内容全面。包括了基础知识、实务技能、案例分析及政策解读共计四部分 15 章教程的编写，内容由浅入深，通俗易懂，不仅有基本的理论知识，还有直观的案例解析，理论和实际更好的结合，以及相关政策及政策解读，使教材内容更加丰富全面。书稿写作背景专业、特色鲜明。该书以农业专业为特色，详尽阐述了农业技术转移中特有的名词、分类、模式、知识产权及金融体系，同时总结了农业领域的技术热点，引人深思。教程设计以案教学，深入浅出。教程中针对农业技术转移的盈利方式总结出四大模式，根据不同业务的运营方式提炼出三个分析案例，生动翔实地提出了切实可行的解决办法和建议，给参与培训人员提供了有效的参考。

　　衷心希望该教程能够在农业技术经理人培训工作中，通过以点带面的示范推广作用，将我国农业技术、产业、市场、人才深度融合，在新中国农业发展的历史关键时期，在技术转移人才的农业细分领域和国家技术转化体系中发挥出重要作用。

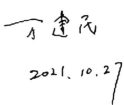

序 二

技术转移转化是创新链与产业链之间的链接，其成效取决于链接的有机程度。即便是需求驱动的逆向创新仍然需要长产业链的市场熟化，更不用说兴趣驱动的正向创新首先需要产品化了。从这个意义上说，耦合两者的技术经纪人才是技术转移转化工作的核心要素，而技术经纪人才培养则是技术转移转化事业发展的基石。随着科学技术和高精尖产业的不断发展，技术服务从业人员的专业性需求正日益增加，因之技术服务人才的培养也更加强调专业性、职业性。

首先，技术转移转化人才应该"学有所成""干有所成"，做到"专业知识、创造性劳动、社会贡献"有机融合，在专业本领不断增长的基础上，根据经济社会发展的需要，通过创造性劳动做出"跨链""通链"的贡献。

其次，技术转移转化人才应该"一专多能""一主多辅"，既了解科技成果转移转化的一般性知识，又熟悉某一个具体领域的转移转化过程，既有一个谙熟于胸的专业技能，又不拘泥于专业领域的单一标准而通晓并扩展其他相关技能，以此适应迅猛发展的科技革命和产业变革。

再次，技术转移转化人才还应该培养合作意识。如今，创新链和产业链都足够长，链接面也足够宽，"百科全书式"的"全链"人才不复存在，促其耦合的转移转化工作当然也需要"团队"理念和"协作"精神，懂得团队合作、群体协作才能转移得出、转化得成。

近年来，国家陆续出台相关扶持政策，要求技术成果交易机构提升技术转移的硬件服务能力，同时培养一批通业务、精技术、懂市场、善经营、会管理、能创业的技术经纪人队伍，构建完善的创新型技术经纪人才培育体系。

截至目前，全国已建设成36家国家技术转移人才培养基地，40余家全国性或区域性技术交易市场，以及400多家专业性和区域性国家技术转移示范机构，基本形成覆盖全国县级及以上地区的技术转移服务网络，可以说创新型技术服务人才培养的"硬件"条件已经具备。

"软件"方面，2020年出台的《国家技术转移专业人员能力等级培训大纲》明确指出：中级技术经纪人应具备提供专业化、个性化技术转移服务的能力，不仅要了解相关专业领域的技术知识和发展趋势，还应具备提供中试熟化、技术集成、资本和基金运作等的知识结构和服务能力，熟悉创业孵化流程，熟练掌握专利申请流程、商务谈判技巧等专业技能。这两年，通用的《技术经纪人培训教程》等就很好的落实了相关要求，而一批专业知识雄厚、从业经验丰富的技术转移行家里手正在细分领域把这项工作推向纵深。

　　《全国农业技术转移人才培训教程》正是基于这样的要求，在总结农业技术转移人才培养经验的基础上，根据农业领域的特点、产业方向不同的划分、农业技术的特殊性以及农业科技成果转移转化需求编制而成，以提高农业技术转移人才的专业素质和实践能力。从北京建设国际科技创新中心、推动"农业中关村"建设、打造"农业中国芯"的理念和实践来看，教材能够很大程度上弥补农业技术转移人才培养的"短板"，支撑提升涉农科技创新不断发展形势下传统第一产业向新型第一产业、三次融合产业转型发展的水平。

　　中央人才工作会议发出了加快建设世界重要人才中心和创新高地的号召，吹响了加快建设国家战略人才力量的号角，各类"人才的春天"正在到来，技术转移人才挥洒才智的精彩画卷正在徐徐展开。衷心希望《全国农业技术转移人才培训教程》能为技术服务人才的培养提供有力支撑，将更专业的科技服务传递到产业的最前沿，最终打造一支门类齐全、结构合理、素质一流、富于创新的技术服务人才队伍，为人才强国的建设做出突出的贡献！

刘敏华

前　言

当前，我国正处于实施乡村振兴战略、全面建成小康社会的关键时期，也是中国由农业大国逐步向农业强国转变的历史发展新阶段。农业强国以"四强一高"为基本特征，即农业供给保障能力强、农业竞争力强、农业科技创新能力强、农业可持续发展能力强和农业发展水平高。加快建设农业强国进程，核心是要提高农业科技创新能力，解决农业科技创新活动全过程"最后一公里"的农业技术转移问题。发达国家经验证明，技术转移已成为推动技术创新和技术进步的重要手段之一，是科学技术成果转变为现实生产力并实现其经济价值的根本途径，是一个国家或地区加速技术进步，增强经济实力和国际竞争力的重要手段。

人才作为技术转移工作的核心要素，国家陆续出台相关政策，要求以科技成果转移转化新模式、新路径、新机制为导向，打造一批技术成果交易机构，提升技术转移服务能力。培育一批通业务、精技术、懂市场、善经营、会管理、能创业的技术经理人队伍，构建技术转移服务人才培育体系。目前，全国已建有全国性或区域性技术交易市场 40 余家，400 多家专业性和区域性国家技术转移示范机构，36 家国家技术转移人才培养基地，基本形成覆盖全国县级及以上地区的技术转移服务网络。

2020 年，国家出台《国家技术转移专业人员能力等级培训大纲》（以下简称《大纲》），明确了初级、中级、高级技术转移服务人才需要掌握的技能和知识储备能力的培训内容和培训要求。其中，中级培训要求学员具备提供专业化、个性化技术转移服务的能力，了解相关专业领域的技术知识和发展趋势，具备提供中试熟化、技术集成、资本和基金运作等的知识结构和服务能力，熟悉创业孵化流程，熟练掌握专利申请流程、商务谈判技巧等专业技能。

本教程是在技术转移服务人才初级教程基础上，根据农业领域的特点，农业产业的不同划分，农业技术转移的特殊性，以农业科技创新和科技成果转移转化需求及《大纲》要求为导向，总结农业技术转移人才培养经验的基础，以提高农业技术转移从业人员专业素质和实践能力为目标，编制适用于中级技术经理人培训的《全国农业技术经理人培训教程》。由于农业细分领域较多，农业技术转移市场还不够成熟，编者能力相对有限，如有不足之处，恳请各方专家批评指正、不吝赐教。

本书编写组
2021 年 8 月

目　录

上　篇　基础知识

中 篇 实务技能

下 篇 案例分析

附　录　政策解读

上 篇

基础知识

第1章
技术转移的理论基础

1.1 技术经理人

1.1.1 技术经理人的概念

在科技成果转移、转化和产业化过程中，从事成果挖掘、培育、孵化、熟化评价、推广交易并提供金融、法律知识产权等相关服务的专业人员[①]

1.1.2 从技术经纪人到技术经理人

中国改革开放之初，便已有了技术经理人的雏形。当时，随着科技成果的市场交易行为逐步展开，一些科技人员率先走出研究所、实验室，到市场上推销自己的科技成果，提出建立科技成果有偿转让制度。在此期间，高校院所、企事业单位中不断涌现出很多科技成果交易的服务人员。

20 世纪 80 年代末，一群来自各个高校院所的科研人员进入长三角地区，为当地中小企业出谋划策、指导生产，帮助因生产经营与技术能力不足面临困境的企业"起死回生"。由于这些人的活动时间多选在周末，他们被称为"星期天工程师"。这个队伍中，有一部分成为了中国早期的技术经纪人，他们帮助创新成果走完了步入市场的"最后一公里"。

进入 20 世纪 90 年代，技术经纪人制度逐步形成，国家对技术精英和管理人员实行持证上岗制度，在全国范围内，陆续出现技术经纪人培训及经纪机构。

2017 年 12 月，官方首次引用"技术经理人"新称谓，即教育部举办首期全国高校高级技术经理人培训班。

2018 年 12 月 5 日，在北京召开的国务院常务会议要求，"强化科技成果转化激励，引入技术经理人全程参与成果转化"。

2020 年 3 月，科学技术部火炬中心印发《国家技术转移从业人员能力等级培训大纲》（试行），将技术转移从业人员划分为三个等级：初级技术经纪人、中级技术经纪人和高级技术经理人。

2020 年 5 月，科学技术部、教育部印发《关于进一步推进高等学校专业化技术转移机构建设发展的实施意见》，提出要建立专业人员队伍，其中接受过专业化教育培训的技术经理人、技术经纪人比例不低于 70%。

综上可知，我国技术经纪人出现的时间较早，且早期多是由技术工程师兼职进行，其后慢慢形成一支职业队伍。另外，随着科技的发展和市场的需要，技术经纪人开始与国际接轨，出现技术经纪人

---

① 中华人民共和国职业分类大典（2022 年版）。

和技术经理人两个相近但又不完全相同的概念。

产生这种情况的原因归纳起来主要有以下几点。①进入 21 世纪以来，我国的技术转移和科技成果转化工作越来越与国际接轨，特别是在国际上有很大影响力的美国大学技术经理人协会多次参与我国境内举办的技术转移大会和培训活动，使得技术经理人这个称呼为更多人所熟知和认可。② 2005 年前后，国内技术经纪人的知识培训、资格管理等一度松懈，出现了"网破、线断、人散"的局面，技术转移、成果转化从业人员的专业归属感、社会认同感大大下降，技术经纪人的称呼也随之淡化。③和技术经理人称呼一同进入我国的是发达国家技术转移的知识和经验，这些知识和经验的进入，开阔了我国技术转移、成果转化从业人员的眼界，对推动我国技术转移、成果转化工作发挥了较大作用。特别是从经理这个现代生产经营活动岗位角度为重新认识经纪人这个颇具历史的职业提供了新鲜的视角和框架，也丰富了经纪人的职业内涵。

1.1.3 技术经理人的职业素养要求

技术经理人的职业素养决定了技术经理人的能力，是技术转移成功与否的重要因素。一般来说，技术经理人的职业素养应该包括以下几个方面。

（1）强烈的职业认同感

首先技术经理人本身对这个职业要有足够的认同感。技术经理人这样的科技工作者，并不是以营利为目的、投机倒把的二道贩子，他们将优秀的科学家和优秀的企业家这样一群有担当、有理想、有情怀的时代精英、民族脊梁联合在一起，做一些对社会有价值的事情。在技术经理人的帮助下，科学家的知识有用武之地，能够把文章真真正正写在祖国的大地上，企业家能够通过科技创新，让企业得到更高质量的发展，社会也会获得更好的产品、更好的服务、稳定的就业税收等等。因此技术经理人对自己的价值要有充分的认可，相信自己所做的事情，点点滴滴，虽然细微，但是对整个社会的发展都有所贡献。

（2）丰富的知识储备

丰富的知识储备是技术经理人开展工作的基础，是技术经理人的"内功"，是产生交易机会的重要因素。技术经理人需具备良好的技术背景，了解相关前沿科技动态，对行业的发展趋势有较为清晰的分析和认知，能够辨识科技项目的技术水平，透悉相关应用场景。同时，应具备市场经济知识，对技术成果落地转化生产过程和管理有充分的判断；技术经理人还需熟悉高校院所科技成果转化相关规定以及操作程序，了解相关法律法规，在技术转移转化中遵纪守法。

（3）高超的社交能力

技术经理人要具有丰富的人力资源渠道，能够帮助科学家找到合适的合作伙伴，加速技术到产品再到产业化的过程。因此，技术经理人要有非常好的语言组织能力、人际融合能力和解决问题的能力。要善于处理好与企业家和科学家之间的关系，与企业家和科学家做朋友，随企业一起成长，随科技一起进步。技术经理人可以为单项技术服务，也可以多项技术同时服务，从了解企业需求、洽谈业务、签订合同到实施的全过程，技术经理人的社交能力会在其中得到充分体现。

（4）良好的职业道德

保密意识是技术经理人最基本的职业操守，企业技术需求是企业目前生产和未来发展的核心商业机密，技术经理人必须严格对客户信息保密。除此之外，还要具备：平等意识，企业无论大小，需求无论难易，技术价值无论高低，技术经理人必须平等对待，把企业的事情当成自己的事情；诚信意识，在推介成果时，不能夸大功能模糊风险，技术经理人必须真实守信，不能为了某些利益弄虚作假，盲目的促成交易；中立意识，技术经理人要时刻保持自己的中立地位，公平公正地对待买卖双方，保证多方利益；正当竞争，技术经理人不能为了获取佣金，侵害其他技术经理人的关系渠道；遵纪守法意识，技术经理人在法律规定的范围内开展经纪活动，用法律的武器保护自己的合法权益。

1.1.4　技术经理人提供的服务内容

（1）提供技术需求

挖掘和评估需求准确性和可行性，为技术专家提供横向项目。

（2）提供技术运营

包括项目实施跟进、款项回收、商务模式策划、市场运营。

（3）协助寻找资金支持

辅助项目在中试、落地、发展阶段寻找资金支持，包括政府项目资金、产业落地资金、人才引进资金、个人投资、产业资本、风投资金等。

（4）提供技术营销

对科技成果进行技术转移路径设计、合作对象的获取与筛选、商业分析、谈判辅助、交易框架设计、合同撰写等。

（5）提供产品孵化服务

在产品实现方面，对部分现有阶段的科技成果进行产品定义、产品设计、原理样机制作、验证定型、工程样机制作等成果转化过程中对技术概念、可靠性、稳定性，以及各项性能指标进行检测，以保证产品符合市场需求。

（6）知识产权服务

开展以科技项目保护为目的的知识产权布局、申请和运营。

（7）开展技术评估

在现有文献、专利、市场信息数据库基础上，利用技术评价指标模型对技术进行综合性评判，包括技术项目立项评价、技术项目转化评价和技术项目引进评价以及形成评估报告。

（8）提供信息服务

为项目持有方进行科技项目信息梳理，以需求方为对象整理商务对接项目信息，以快速获得市场响应。

1.2　技术转移与科技成果转化

1.2.1　技术转移

"技术转移"一词是从英文 Technology Transfer 翻译而来，是国际上理论研究、政策制定和商务实践中常用的词汇。

1964 年，在第一届联合国贸易发展会议上，技术转移作为解决南北问题的重要战略被提出。会议上把国家之间的技术输入与输出统称为技术转移。1985 年 6 月 5 日，联合国制定《国际技术转移行动守则（草案）》中则把技术转移定义为关于制造一项产品、应用一项工艺或提供一项服务的系统知识的转让，但不包括只涉及货物出售或只涉及出租的交易。后来，随着技术转移研究和实践工作的不断发展，技术转移一词的概念和内涵不断发展变化，不同的学者对这一概念有着不同的界定和阐述，技术转移成为国际上比较通用的一个词汇。

在我国的政策文件中，技术转移的具体含义有一个短暂的发展演化过程。2007 年 9 月 10 日，科技部印发《国家技术转移示范机构管理办法》，其中对技术转移的概念定义为：本办法所指的技术转移是指制造某种产品、应用某种工艺或提供某种服务的系统知识，通过各种途径从技术供给方向技术需求方转移的过程。2017 年 9 月，国家质检总局、国家标准委批准发布了我国首个技术转移服务推荐性国家标准《技术转移服务规范》（GB/T 34670—2017），采用了《国家技术转移示范机构管理办法》对技术转移的定义并加以扩充，同时给出了"技术开发""技术转让"的术语和定义，具体如下。

（1）技术转移（Technology Transfer）

是指制造某种产品、应用某种工艺或提供某种服务的系统知识，通过各种途径从技术供给方向技术需求方转移的过程。技术转移的内容包括科学知识、技术成果、科技信息和科技能力等。

（2）技术开发（Technology Development）

是指针对新技术、新产品、新工艺、新材料、新品种及其系统进行研究开发的行为。

（3）技术转让（Technology Assignment）

是指将技术成果的相关权利让与他人或许可他人实施使用的行为。

从上述内容来看，《技术转移服务规范》对技术转移概念的界定与联合国《国际技术转移行动守则（草案）》对技术转移的概念界定基本一致。这也是国际上常用的技术转移的概念。

1.2.2　科技成果转化

"科技成果转化"有时简称"成果转化"，在我国的科技政策、法律中多次出现，是一个具有中国特色的词汇。例如，1996年我国制定《促进科技成果转化法》时便采用了这一概念。作为我国科技成果转移转化领域的"根本大法"，《促进科技成果转化法》中明确了科技成果、科技成果转化的基本概念。

（1）科技成果

科技成果是指通过科学研究与技术开发所产生的具有实用价值的成果。职务科技成果，是指执行研究开发机构、高等院校和企业等单位的工作任务，或者主要是利用上述单位的物质技术条件所完成的科技成果。

（2）科技成果转化

科技成果转化是指为提高生产力水平而对科技成果所进行的后续试验、开发、应用、推广直至形成新技术、新工艺、新材料、新产品，发展新产业等活动。

1.2.3　技术转移与科技成果转化的联系与区别

1.2.3.1　技术转移与科技成果转化的联系

技术转移、科技成果转化这两个概念虽然有着不同的内涵、起源，但是两者联系紧密。

（1）两者的最终目的相同

技术转移、科技成果转化两者都和科技成果产业化紧密相关，两者的最终目的都是实现科技成果的产业化，从事实现科技成果的经济价值和社会价值，促进经济和社会的发展。

（2）两者都是以科技成果为工作的起点

技术转移中的技术，与科技成果转化中的科技成果，实际上所指的内容是相同的，其来源都是高校、科研院所这类具有丰富的科研资源和较强的科研能力、不直接参与市场经济活动的组织。

（3）两者产生的原因都是科技与经济的"两张皮"问题

高校、科研院所这类机构所具有的科研资源和科研能力，以及市场上的企业对于技术的需求，两者之间存在的"两张皮"问题，都是技术转移和科技成果转化这两者目的之所在。

1.2.3.2　技术转移与科技成果转化的区别

对比技术转移和成果转化所产生的社会和文化背景、概念内涵，可以看出两者有以下不同。

（1）产生的社会文化背景不同

技术转移的概念虽然借联合国的影响力得以确立，但是和美国等西方发达国家的科技管理体制、社会文化关系密切。

美国诸多著名大学为私立学校，来自校友等各方的捐赠基金在其运营资金中占有重要比例，甚至很多美国顶级名校都是靠捐赠创建的。以"常春藤联盟"为代表的顶尖高校将捐赠变成了一个历史传统。与之相对应的是，西方国家有完善的有关捐赠的法律体系。在这种社会文化中，大学具有明显的社会公益属性，大学创办企业从社会谋取经济利益与其社会文化、大学的社会公益属性相冲突，将会极大地影响人们对于捐赠该校的积极性。所以，美国的高校没有设立"校办企业"的历史和文化，而是通过专利授权、转让等方式，将科技成果转让给市场上的企业（一般情况下，这些企业和大学并没有股权关系），由企业完成科技成果的产业化生产、销售等产业化运营，从而实现科技成果促进社会和经济发展的过程。美国的《拜杜法案》是技术转移中的经典法案。该法案使得私人部门（美国私立大学斯坦福大学、哈佛大学等属于私立部门）可以从联邦政府资助的科研成果中获益，从而激励了高校等科研机构进行技术转移的积极性，促进了美国技术转移的发展，对美国社会和经济的发展影响深远，成为技术转移领域发展的历史性标杆法律。

和"技术转移"相比，"科技成果转化"一词来源于我国的科技政策、法律和管理实践。在我国，高校、科研院所基本是由国家设立。在科研院所分类改革之前的相当长的一段时期内，这些大学、科研院所的经费来源主要是政府拨款、纵向课题。改革开放前，在计划经济体制下，我国科研部门和生产部门之间严重割裂。科研与生产"两张皮"成为制约我国科技成果转化的难题。

改革开放后，为了发展生产力，促进社会和经济发展，我国政府基本上不限制高校、科研院所创办企业①。高校、科研院所创办企业成为大学补偿其运营经费、实现科技成果产业化的重要途径，是大学科技成果实现自身价值的重要方式。后来，随着我国社会和经济的不断发展，我国的生产力已经发展到一定的水平。此时，一方面，我国有相当数量的高校、科研院所在承担国家科技项目中积累了丰富的研发经验、科技成果和科研人才，有从事科技成果产业化生产经营运作所需要的技术、人才和资金，能够进行一定水平的科技成果产业化经营活动；另一方面，我国绝大多数的民营企业成立于改革开放后，发展时间较短，企业经营水平和技术水平有限，吸收先进技术的能力有限，能够对高校和科研院所的高科技成果进行产业化经营的企业少。此外，我国技术市场发展时间短、不够成熟，产学研合作不密切。在这种情况下，我国很多高校、科研院所成立企业，对其所研发的科技成果进行产业化，涌现出一批知名的"校办企业""院办企业""所办企业"，例如，王选院士的激光照排技术，由北京大学投资成立北大方正公司进行产业化；发源于中国科学院计算机研究所的寒武纪公司，是全球智能芯片领域的先行者。可以说，科技成果转化一词同时也体现了在我国生产力不足的困难时期，国家和社会对发展生产力的迫切愿望。

（2）侧重点不同

技术转移的概念强调技术本身和及其权益在不同主体之间的转移过程。参与技术转移的主体可以分为技术输出方、技术输入方。技术转移的过程中，技术一般是从高校、科研院所转移到企业。高校、科研院所主要负责科学研究、技术研发，研发成功后，由相关企业完成后续的中试、产业化生产、销售等经营活动。

---

① 作为我国技术转移体系中的重要组成部分，"校办企业""所办企业"在发展中曾经暴露出管理不规范等诸多问题。为了促进高校科技产业健康、持续发展，2001年11月，教育部出台《关于北京大学、清华大学规范校办企业管理体制试点指导意见》，对北大、清华两校进行改革试点。在总结北京大学、清华大学校办企业管理体制改革试点经验的基础上，并广泛征求意见，2005年，教育部印发了《关于积极发展、规范管理高校科技产业的指导意见》，其中规定：高校除对高校资产公司进行投资外，不得再以事业单位法人的身份对外进行投资。此规定构建了作为事业单位的高校和作为市场主体的"校办企业"中间的"防火墙"。

科技成果转化的概念侧重于科技成果实现商品化、产业化的全过程，即科技成果不断成熟和完善，使之达到商品化的程度，从而能够走向市场，产生良好的社会和经济效益，其本质是科技成果由知识性商品通过成果转化为供市场销售的物质性商品、服务的全过程，是一种带有科技性质的经济行为，其过程一般包括小试、中试、产业化生产和销售几个阶段。

第2章
农业技术概述

农业科技不仅具有科技产业的共性特征，还具有现代农业的个性特征，以及城乡一体化和区域发展的延伸要求。2016—2019年，中央一号文件四次提出了农业科技连续发展，强调加快农业核心关键技术突破，加强创新驱动发展，培育创新型农业科技企业。特别强调创新是引领发展的第一动力，是构建现代经济体系的战略支撑。可以说，加快农业科技发展是建立农业与农村产学研深度融合的技术创新体系的主战场，是推进现代农业产业体系建设的重要组成部分、生产系统和管理系统。

农业科技要以市场为导向，以技术创新和管理创新为核心，以三次产业融合和城乡一体化为载体，以科技型企业为主体，与各种具有创新能力的新型经营主体合作，促进农业科技进步"四个现代化"是新型工业化、信息化、城镇化和农业现代化在时间和空间上的叠加发展，为富农、美化农村提供产业实力和系统规划。

农业技术支撑和服务农业农村现代化建设尤其重要，它们的关键是适应经济条件和社会环境的变化，跟上全球科技进步步伐，不断优化产业布局和完善环境要素，提升产业创新能力和竞争力，走一条符合创新驱动发展和农村农业现代化相结合的道路，为世界农业发展贡献中国方案。

当前，在乡村振兴战略背景下，现代农业技术的发展对于改造传统农业、建立现代农业、提高国际竞争力有着十分重要的意义。

2.1 农业技术发展

2.1.1 农业技术

本书涉及的农业技术主要是现代农业中的高科技。其目的是通过现代管理方法有效应用现代科学技术，为现代农业工业中的高科技提供一系列产业化落地和推广服务，实现农业现代化和社会化。

从本质上讲，现代农业是建立在先进科学技术的基础上，创新了传统农业生产方式，在很大程度上优化和改善落后农业生产和管理的现状，进一步提高了整体劳动生产效率、经济效益和生产能力。其中，涉及一系列的高科技改造和推广，这是农业技术行业技术经理人需要注意的。

随着我国农业领域科学技术的不断创新与发展，无论是在自主创新能力方面，还是吸收再创新能力方面，农业行业均有所提升和改善，整个农业行业在科技领域取得了良好的成绩。作为典型的农业大国，国家以不同地区和不同特点为前提，先后对相关地区和领域内农产品产业结构进行了系统调整，极大地促进了工业核心技术的快速发展，各行业领域内对农业科技成果转化的推广逐渐铺开，林业、水产业以及种植业等农业科技成果转化均取得了卓越成效。

2.1.2 我国农业技术发展

根据近年来的农业产业发展需求，目前我国的农业技术重点主要集中在生物技术（生物种业、生物饲料、生物疫苗、生物农药、生物肥料）、农业信息化、农业装备制造及农产品精深加工等相对高端领域。这些领域是未来农业产业高新技术的突破点，必然出现大量的技术成果转化落地需求，值得相关从业人员关注、了解及投入。

2.1.2.1 农业生物技术

重点开展基因定向编辑和具有我国自主知识产权的新型基因定向编辑技术研发，摆脱国外的专利限制。构建农业合成生物学集成创新的理论与技术体系，创制新型高效智能农业合成生物技术产品。采用机器学习的策略建立全基因组选择育种模型，建立基因选择高通量、自动化、智能化分析平台，开发主要作物及畜禽育种芯片，研究构建各种模型和全基因组选择技术方法。突破无外源基因、无基因型依赖高效遗传转化技术，研制多基因复合性状叠加新品种。加大动物克隆机理研究力度，聚焦克隆胚附植前和附植后调控研究。加强单倍体诱导产生机理的研究，将单倍体诱导与基因编辑技术结合，打破单纯基因编辑育种技术对材料遗传转化能力的依赖。

2.1.2.2 智能农业技术

加大农业专用传感器与仪器仪表的核心感知元器件、大型农业大数据数据库软件，以及农业认知计算、知识服务等主要算法和平台软件等关键技术研发力度。研发农业农村综合信息智能服务、农业资源智能监管、农情智能监测、农用物资智能调度与运维管理、农产品质量安全智能监管等管理与服务系统，构建面向生产、经营、管理和服务全过程、全环节的农业智能服务平台。研发智能种植生产系统、智能畜禽水产养殖系统、智能农产品加工车间等集约化设施农业环境优化决策关键技术，构建设施农业智能生产技术体系。开展视觉系统及识别算法、导航定位算法、精密伺服电机等关键技术及核心零部件的研发与制造，实现自主创新。

2.1.2.3 农业新材料技术

开展纳米材料构型设计与功能开发，开拓纳米材料在生物环境监控、重大疫情防控、农产品溯源、食品安全检测、水质与环境净化等领域的新功能与新用途，创建纳米农药、控释肥料、靶向兽药、功能饲料等新型绿色农业投入品集群，加速农业生产资料行业转型升级。深入开展可降解材料降解机制与调控技术研究，同时，降低生产成本，发展自主知识产权，促进研究成果转化。

2.1.2.4 食品先进制造技术

研究食品智能装备数字化设计、信息感知、仿真优化与智能装备制造技术，开发食品装备智能控制系统及相关应用软件、故障诊断软件和工具、传感和互联网系统。研究食品柔性制造与组分互作调控的数字化设计、基料模块化建设、物性数字化技术、高效精确的食品3D打印制造技术与装备。解析食品加工中特征组分效应变化机制与质量品质调控机制，研发高、精、自主可控的食品质量安全速测技术、产品及装备，研究危害物非靶向智能识别技术。研发融合大数据、组学和无损检测等新技术的新资源及食品真实性鉴别与溯源技术体系。

2.1.2.5 其他高新技术

利用人工智能进行多元化数据的采集与建模分析，实现精准种植、养殖，缓解信息不对称导致的农产品供需失衡及农业融资难等问题。运用区块链技术构建数字农场，推动农业线上、线下、物联、农村新电商的发展，打通整合各个环节，实现农业多场景结合的模式创新。在农业环境监测、农业遥感、农业生产信息监测等领域引进量子信息技术，实现数据加密传输。

2.1.3 我国农业技术发展存在的问题

尽管我国现阶段农业技术发展较快，但是由于农业科技起步时间短，领域多，需求大，在我国农业科技成果转化过程中，仍存在着大量的问题与不足，如尚未建立明确政策及法律法规，农业科技成果转化质量不达标等，上述现象的存在，严重制约了我国农业科研成果的转化。

2.1.3.1 新技术成果的供给力不足

就目前我国现代农业实际发展情况来看，各个阶段都存在着各种缺陷或不足，其中最为显著的问题就是新技术成果的供给力不足。该问题在某种程度上抑制了新型农业技术的推广，尽管当前我国农业科研成果在总量和规模上快速增加，但受实际推广工作的影响，现代农业技术无法全面贯彻落实。此外，在实际的科学技术成果研究过程中，对经济市场发展规律和农业技术的分析片面、单一，使得所研究农业科技成果与农业技术市场发展标准严重不符。

另外，我国农业产业技术原始创新能力不足，而且还存在生产规模小、产量低、生产成本高、市场占有率低、相关产业和服务体系还不完善等问题，制约了我国生物农业等农业高新技术产业快速发展。

2.1.3.2 需求量与有效需求力不成正比

农业科学技术在农业农户中的推广普及过程，展现了用户的极大需求，但从整体推广情况来看，农业用户对农业技术的需求量偏低。究其原因主要是由于现代农业技术仍停留在理论阶段，缺乏大量实践，使得技术在实际应用过程中与预期效果存在较大差距。此外，对于农业技术的推广工作，地方政府并未给予更多关注，导致农业技术在整体推广效率方面不理想，严重影响了农业技术推广工作的展开和政府研究资金的拨付，无法从根本上保证农业推广机构全面发挥实际作用。

2.1.3.3 缺乏完善的推广体系

分析我国当前农业技术实际推广情况，在健全和完善推广体系过程中，并未做到与现代农业技术的有效结合。为进一步提高现代农业技术的推广水平，促使农业领域整体经济效益全面提升，需相关部门做好相关体系的构建和完善工作，并且要在与农业整体发展趋势相适应的前提下开展体系建设工作，只有这样才能确保农业整体经济效益不被破坏。但从目前的实际来看，农业技术推广体系尚未建立完善，在某种程度上严重影响了农业技术推广效率。针对这一情况，相关人员需进一步提高对体系建设的重视，对农业推广实际过程中可能出现的问题进行详细的研究与分析，并不断加强现代农业技术在基础层面的推广，确保农业技术自身价值的全面发挥。

2.1.3.4 农业技术交易市场机制不健全

虽然我国各地都建立了技术交易市场，但专门针对农业技术交易的并不多，农业技术，特别是种业由于受其效果时效性、地区适应性、抗性等多种复杂因素制约，技术交易活动的开展有一定的特殊性及独立性，目前在已经开展过农业技术交易的技术市场中，农业技术商品供求机制、价格机制、竞争机制、风险投资与保障机制、信息传送机制等尚未健全，且缺乏科学合理、具有一定权威性的官方成果估价系统，对于农业技术公平合理交易有一定的阻碍，另外，农业技术交易各行为主体缺乏有效的利益驱动机制，交易动力不足，制约了农业技术交易市场的发展。从技术服务的主体来看，我国从事技术交易的技术经理人数量较少且素质参差不齐，技术交易服务机构专业性不强，缺乏管理、监管机制，在一定程度上导致了农业技术交易成功率低，从而影响了农业技术产权交易的顺利进行。

2.1.3.5 农业技术交易市场存在分割现象

目前，我国各地的技术交易市场一般都是针对于一定区域的交易平台，各地区之间尚未形成有效的信息联动模式，这样就导致了信息沟通不畅，从而阻碍了农业技术交易市场的发展。2014年和2015年，由农业农村部主管，依托中国农业科学院建设的国家种业科技成果产权交易中心、全国农业科技成果转移服务中心相继在北京成立，两中心的成立将整合我国优秀农业科技成果，打破地区限制，建立全国性农业科技成果交易服务平台，充分发挥市场机制，从而为全国农业技术需求主体提供更大的谈判、交易空间，释放农业技术交易的活力。

2.1.4 我国农业技术交易对策及未来方向

2.1.4.1 强化政府对市场机制的完善与引导作用

目前，我国的农业技术交易还属于稳步发展阶段，交易数量和金额都具有较大的发展空间，因此政府及相关部门的支持和正确引导尤为重要。政府及相关部门应完善相关交易规章制度，为农业技术交易的发展创造良好的外部环境，促进交易公平合理的进行；应加大对农业技术交易的资金扶持力度，多渠道筹措资金，如采用股份制、股份合作制等方式，逐步健全农业技术风险投资与融资机制，促进农业技术交易市场的良性发展。

2.1.4.2 完善农业技术交易市场的运行机制

积极探索建立与健全以市场需求为导向、多方参与的农业科技成果转化产业价值链模式。成立专业的农业科技成果转化权威机构，组建专业化的技术转移队伍，为农业科技成果转化进行专业有效的服务；我国农业技术交易市场上缺乏合理的定价机制，"农业科技成果定价难"成为尤为突出的问题，为此，可采用技术经济、数学模型、市场要素评估等手段，利用农业科技成果价值评估体系与筛选体系，对科技成果进行合理科学的市场定位及价值评估。同时，大力开展知识产权保护、专利申请、专利保护等知识产权服务体系的建设，避免知识产权纠纷。

2.1.4.3 推动农业创新发展，增加有效需求

结合农业技术与交易工作特点，以开放、流动、竞争、协作为科研运行机制和管理机制改革的首要原则，建立与之相适应的农业科研新体制，推动农业科技创新，建立科学的农业科研评价指标体系，根据不同的行业领域、不同的应用区域，将科学先进性与转化应用性两类指标分开设置，对于前沿性科研项目，侧重于科研水平考核，对于应用性科研项目，侧重于成果转化指标考核，从而增加可交易的、有效的农业技术数量，扩大市场需求，提高市场容量，营造合理的市场竞争氛围，提高科研人员、农业企业人员的工作动力，进而推动农业科技创新发展。

2.1.4.4 加强农业技术交易市场服务体系建设

加强农业技术交易专有市场的建设力度，加强各地区常设农业技术市场的建设，形成固定的交易谈判场所，并积极开发线上交易平台，鼓励交易双方开展线上交易，提高农业技术交易时效性，常设农业技术市场应依托科研单位，开展全方位的技术服务，服务内容包括农业信息发布、农业信息展示、农业信息咨询等；积极开展农业技术交易，还应开展农业技术交易从业人员的培养与专业服务机构的培育，农业技术交易是农业科技成果转化的关键环节，需要前期的宣传推介、中期的撮合谈判以及后期的咨询服务，因此既需要培养一支高素质的专业服务队伍，又需要扶持一批专业化的技术服务机构，开展农业技术交易经理人培训，设置评价指标，形成业内服务规范，开展专业的、有针对性的农业技术交易服务。

今后，随着农业技术进步，技术转化的需求急剧增加，传统农业技术的突破将从政府引导转向以农业高新技术企业为主体、多种新型经营主体相结合的高新技术产业发展；截至 2015 年年底，中国农业高新技术企业约 6 800 家，占高新技术企业总数的 8.6%；营业收入约 1.36 万亿元，占高新技术企业营业总收入的 5.4%。截至 2016 年年底，已注册的多元化新企业实体超过 230 万家，经营用地面积超过 30%。龙头企业、合作社和小农的利益联动机制不断完善，在现代农业生产和市场竞争中的作用日益突出。

同时，相关配套政策也将涵盖更多方面：2017 年，中央一号文件提出了"三园三区"现代农业发展布局，相关地区和部门采取行动推进农业科技园区建设，现代农业产业园与农村一二三产融合试点等建设，打造培育新农村经济和新能源的载体，探索现代农业发展与新农村建设相结合的新模式、新道路。目前，各部门已批准建设国家农业科技园 246 个，现代农业产业园 41 个，农村一二三产业融合试点 137 个。

此外，1 000 多所省、市以上农业大学和农业科学院聚集了中国绝大多数农业创新资源和技术专利成果，直接服务于现代农业生产，也是我国农业高新技术发展的主力军之一。因此，农业科技领域的转型专业人员必须适应各种工作环境，并为未来的更多变化做好准备。

2.2 农业产业分类

当前，我国参与农业技术转移的主体和受体比较多元化，主体包括高校，科研机构等，受体包括大型农业企业、行业协会、农技服务公司、农技服务经纪人、公司等。由于农业的行业特性，根据市场行情不同，农业产业技术转移在各类细分领域都有不同。

2.2.1 农业工业化产业（饲料、农药、农机等相关技术）

这类产业投入较大，属于农资领域，技术转化类似工业产品。因为投入大，回报丰厚，因而企业倾向于根据自身技术需求选择技术。此类技术转化倾向于一对一，企业十分清楚自己需要什么，按图索骥对接院校和科研机构。同时，企业自己的实力、生产资质比较齐全，对市场有清楚认知，技术转化市场活跃。

在这样的行业里，技术经理人对于细节需求的洞察更加重要，对供求双方都要有一定了解。

2.2.2 基础种业产业

种业是农业生产中的重要部分，品种安全是国家安全战略。国内从事种业的企业都资力雄厚，注册资本基本千万元以上，审批手续资质都十分齐全，交易过程透明规范，又因为种业回报率高，因此在种业技术转化中需要注意的是产权保护。

按照作物差异化可以分为主粮、杂粮、蔬菜、林果、食用菌等种类。

2.2.3 农业机械加工类产业

由于涉及更多的是操作程序和机械，而这部分是十分容易被模仿的，因此专利设备保护比较困难，开模具生产获利较少。

2.2.4 农业信息化产业

联系前章介绍的热门技术，依托近年来互联网技术的飞速发展，农业信息化技术相关的高科技越来越受到重视。这些技术前景看好，属于行业蓝海。

例如，农业数字化方向，雾化喷头和传感器设备，以及芯片等。

2.2.5 基础农业产业

利用土地资源，以种植、养殖为核心的农业，其对技术的需求集中在栽培、养殖、病虫害防治等方面。是传统农业中经典的技术转移。

2.3 农业科技成果转化模式

随着农业科技成果转化的运行机制呈多元化发展，农业科技成果转化的主体也呈现多元化的现象，多元化的转化主体参与形成了不同的转化模式。

一项再好的科学发现或技术发明如果仅停留在论文或实验室阶段，没有商业化的应用并推向市场，那么它只能是发明。国外将科技成果转化表述为技术转移、技术推广、技术转让。在农业科技成果转化中，市场的盈利性是成果转化的主要动因，技术本身的特征决定了技术被采纳的潜力，技术推广速度、推广率依赖于潜在采纳者个人特质和社会推广制度，依赖于推广组织机构、基础设施及相关方的合作，技术推广与管理政策密不可分。如果技术持有者与农业企业合作，不仅能加快农业科技成果转化的速度，也能使双方在信息交流上更加通畅。

在我国，由于历史和地域因素，农业科技成果转化有不同特点。

（1）地域性明显

我国地理面积位居世界前列，跨越三个温度带，所以各地区的地理环境以及季风气候等自然条件都存在很大的差异，农业的耕种模式及种植作物也各不相同，农业生产规律更是各有千秋，使得中国的农业经济发展及发展模式存在很大的差异，也就孕育出了富有地域性差异的农业科技成果。每个农业科技成果适用的地理范围有限，所以比对工业或者第三产业，农业科技成果转化、农业生产的地域性特征十分明显，导致农业科技成果转换率低以及市场交易活跃性高，需要因地制宜。

（2）基础性与公益服务特征

我国既是工业发展大国也是农业生产大国，"三农"是我国农业生产的最基本保障。

21世纪以来，我国不断强调"三农"重要性以提高农业生产在我国的基础性地位，国家也是接连出台各项农业政策扶持农业生产。不过农业始终不同于工业发展，由于周期长、影响因素多等，目前我国经济社会是以工业反哺农业，以确保农业生产的社会效益，所以近年来农业的支持是具有基础性及公益性服务，也因此农业科技成果转化也具有基础性和公益性服务的特点。相对的农业生产也受到多方面的影响，我国如今大力推广机械化水平，农业耕种以及耕种制度的优化、生产方式以及自然条件、政策因素以及市场因素共同作用于农业生产、农业科技创新以及农业科技成果转化。

我国的农业科技成果包括种植业、林业、畜牧业、渔业等方面，同时涵盖农村制度创新、农业技术进步、农产品市场化改革和农业生产力投入，这正是中国过去40年农业增长的四大驱动力。虽然农业科技成果按使用属性分为经营性、公益性、准公益性三类，但无论是哪种属性的农业科技成果均要经过基础应用研发、技术方案设计、样品试制和中间试验、推广和示范，最后进入生产提升生产力水平。中国农业科技进步贡献率达到57.5%，与发达国家农业科技70%~80%的贡献率相比，依然有差距。

近几年，国内每年通过评估的农业科技成果约8 000项，但成功或有效转化的成果仅占40%左右，远低于发达国家成果转化率的70%~85%水平。科技进步贡献率和成果转化率的"双低"，说明科技与经济结合不够紧密，导致科技资源的浪费和农业生产的潜在损失，这也是农业产业技术经理人需要解决的问题。

2.3.1　政府部门主导的转化模式

主要是指以国家农技推广部门为中心的农业科技成果推广体系，该模式对提高中国农业生产水平发挥了极大的作用。其转化的组织载体是自上而下的由各级政府领导的农业技术推广机构系统。

2.3.2　以非政府部门为主体的农业科技成果转化模式

主要是指农业科研机构、教育部门、农业企业、农业科技园区、农村合作组织、科技特派员等非政府单位作为转化参与主体的转化模式。该模式充分利用自身优势，在中国农业科技成果转化过程中同样发挥了举足轻重的作用，多种以该类主体为主导的农业科技成果转化模式已脱颖而出。

2.3.3　农业科研、教育部门主导模式

随着中国科研体制的不断改革，许多科研机构和教育部门逐步走向市场成为独立的市场主体。为了追求经济利益，科研机构主动将其科研成果推向市场，走科研成果产业化的步伐。在无形当中，科研机构和教育部门已成为农业科技成果转化主体的一部分。"农业科研、教育部门+私人企业"模式、

"农业科研、教育部门+科技示范户+农户"模式和"农业科研、教育部门+地方产业项目"模式均属于该类模式。

2.3.4 农业公司或企业主导模式

此类农业技术企业一般是带动农村经济产业化的龙头企业，包括以农产品为加工原料的企业及经营生产资料的企业等。由于企业是以盈利为目的，自主经营、独立核算、自负盈亏，所以比较注重经济效益。为了降低风险，企业往往把工作范围推向技术研究乃至基础研究阶段，是典型的企业提前介入研究模式。

2.3.5 农业科技园区主导模式

农业科技园区一般由政府牵头，坚持"政府主导、市场运作、企业主体、农民受益"的原则。具有集聚创新资源，培育农业农村发展新动能，着力拓展农村创新创业、成果展示示范、成果转化推广和高素质农民培训四大功能，在强化创新链，支撑产业链，激活人才链，提升价值链，分享利益链方面发挥重要作用，最终目标是把园区建设成为现代农业创新驱动发展的高地。

2.3.6 农村合作组织、农民技术协会主导模式

该类模式弥补了政府服务供给不足的缺陷，其内部的管理通常按照合作社原则来安排，服务的重点是经济作物，服务的环节是产前和产后的合作服务，有明显的专业特征。

2.3.7 "科技特派员"模式

该模式的依据是科技特派员制度，实质是人才下沉、科技下乡、服务"三农"。通过向乡村产业选派科技特派员，将科技、知识、资本、管理等生产要素相结合，构成以科技为原动力的农业生产、发展体系，把科技成果和先进技术有效导入农村经济建设和社会发展。科技特派员在下沉服务的过程中，发挥了党的"三农"政策的宣传队、农业科技的传播者、科技创新创业的领头羊、乡村脱贫致富的带头人的作用。选派科技特派员是形成农村资源优势向城镇转移的吸纳机制和城市科技资源带动农村、反哺农业的扩散机制的有效途径。

2.3.8 "外资合作"模式

包括"国外跨国企业+中外合资企业"模式和"中外企业、政府国际合作+科技示范农村（户）"模式。目前，科技成果转化由政府主导向非政府主导，由公益性推广向市场化服务转变，技术转化交易额逐年上升，预计成果转化未来将成为新的经济增长点，成为全国科技创新中心建设中的新业态，成为国际技术转移网络中的核心节点之一，将发挥对全国科技创新中心建设的支撑作用，助推"一带一路"建设。

2.4 发达国家农业技术转移模式

2.4.1 美国农业技术转移模式

美国是当今世界农业现代化程度最高的国家，早在19世纪60年代，美国农业就开始步入现代化进程。美国非常重视农业发展的科技支撑，不断加大对农业的科技和教育投入，促进农业科技的推广和应用，不断推进科技创新。美国农业一直应用最先进科技，其取得的巨大成就，在很大程度上要归功于完善的农业科研体系和农业技术创新模式。经过不断的发展，美国的技术转移模式多样而且相当

完善，极大地保障了技术转移的高效运转。农业技术转移模式方面更注重"农业培训—技术研发—技术转移"三位一体模式建立，主要参与主体是农业教育系统、农业科研系统以及农业技术转移系统。具体的技术转移模式和机制包括合同承包、合作研究、委托服务、专利及许可、联盟建设及人员交流和培训等。总体而言，美国技术转移模式的主要特点是：要求若干企业参加计划，在合作研究开发过程中实现技术转移和技术成果共享。

同时，作为科技强国，美国政府在营造良好政策环境方面作出了极大的努力，国会主要通过立法履行其推动技术转移的职责；政府主要负责制定各种具体政策，并提供技术转移服务；联邦实验室及高校则通过自己的技术转移机构来执行技术转移项目；行业组织包括大学技术经理人联合会和联邦实验室联合体等，前者主要服务于全美的大学，后者主要服务于联邦实验室。四类主体协同发展，各司其职，极大的提高了技术转移效率。目前，美国已经营造了有序竞争的市场经济以及健全的法制环境，制定了明确的科技创新政策，设立了风险投资基金、贷款担保等金融服务体系以及制定了相关退税政策等。

在法律法规方面，美国最早的有关农业技术转移的法律是1862年林肯总统签署的《赠地学院法》，支持各州建立至少一所开设农业和机械课程的州立学院。此后，美国陆续出台了30余部涉及技术转移、企业创新、专利保护、技术扩散、合作协议及转移机构建立等的法律或法令，从而构成了美国技术转移法律体系。

2.4.2 日本农业技术转移模式

与中国相似，日本同样人地矛盾突出，20世纪50年代之后经过60多年的发展，日本已经建立了相对完善的农业科技创新和技术转移等农业技术服务体系，并且在管理体制、财政投入与协作机制等方面积累了一定的经验。

日本十分重视政府主导的"产、学、研"一体化模式的建立，尤其重视采用建立制度等政府手段促进技术转移工作，并由农业协会来贯穿整个农业技术转移过程，包括新品种、新产品及新技术的推广和应用。通过各级农协设立的农业技术推广中心，从宏观和微观层面进行农业技术转移，大到农业政策战略的制定，小到农户对具体农业技术的掌握，技术推广中心都进行了大量细致的工作。具体技术转移模式包括合作研究、委托研究、技术孵化、专利许可及人员交流等。日本技术转移特点可以归纳为：以"产、学、研"合作为基础，政府政策引导和法律强制并用，向促进人才流动和专利转移发展。

在体系保障方面，日本实行的是政府集中式管理的机构体系，参与技术转移的主体包括国会、政府、半官方机构、大学和研究机构等，其中，国会主要职责是立法和指导，政府推动技术转移的部门是经济产业省和文部科学省，前者主要推动产业及经济发展，后者主管科技和教育，包括高校的技术转移等。综合科学技术会议是日本最高的科技政策制定机构，负责建立和制定国家科技战略等。日本也先后建立了一系列保障技术转移的政策和制度，如税收扶持制度、财政补助制度、研发激励政策、专利审查制度以及科技交流制度等。

另外，日本的技术转移围绕企业相关法律、技术转移基本法律和技术转移专门法律三个方面建立自己的法律体系。其中，技术转移专门法律规范了技术转移主体责任、技术转移机构建设、专利权、企业技术转移、资源共享以及科技人员交流等诸多方面。

2.4.3 德国农业技术转移模式

德国是欧洲最大的技术拥有国和出口国，科技水平发达，科技产出能力居世界领先地位。根据《2007年德国技术能力报告》中对世界市场重要专利产出地的统计，德国每百万人口拥有288项专利，美国每百万人口拥有245项专利，经济合作与发展组织（经合组织）成员国的平均水平为173

项。德国的大部分科研能力集中在大学、科研机构和大公司，30%以上集中在西门子和拜耳等7家大公司。然而，技术创新是德国中小企业的生命，中小企业为德国创造的就业机会和GDP远远超过大公司。因此，企业和政府特别重视科技成果向中小企业的转移。

2.4.3.1 技术转让模式

与美国和其他国家不同，德国不鼓励研究人员或学校建立新企业。整个社会充满了卓越的工匠精神，这是德国众多无形的中小企业冠军的根源。这一鲜明的特征也体现在技术转移的方式上：虽然科研人员通过创办企业进行技术转移的方式也存在，但在技术转移的方式上存在差异，德国主要通过合同科研、专利技术许可和技术咨询等方式转让技术。

（1）合同研究

企业根据自身需求，利用研究院强大的研发实力定制解决方案，通过资助研发资金获得"量身定做"的技术。弗劳恩霍夫协会（FhG）是德国和欧洲最大的应用科学研究机构。以应用科技研究为主，以合同科研成果转让为主。FhG在德国40多个地区拥有66家研究机构。目前拥有员工22 000人，年科技资金20多亿欧元，其中70%来自企业和政府委托的项目收入，用于应用技术开发和成果转化，为中小企业和政府部门提供合同制科研服务，提高技术水平和生产工艺，增强业务伙伴的竞争力；另外30%由政府承担，用于前瞻性研发工作，以确保其科研水平处于领先地位。

（2）专利技术许可

发明人研究出一项技术发明后，便同学校或科研机构的技术转移中心联系，完成专利申请的技术可以通过许可方式授权予企业。

（3）技术咨询

基础研究或应用研究中许多成果虽然有其价值，但是并不适合申请专利保护，企业如果有需求，也可以通过技术转移中心聘请相关专家进行技术咨询。

2.4.3.2 技术转移组成机构

德国拥有多层次的技术转移机构，其中既包括国家成立的非营利机构德国技术转移中心，也有隶属于巴符州非营利机构史太白经济促进基金会（StW）的史太白技术转移中心，还有各高校和科研机构成立的技术转移中心，三者共同构造了学术界与企业的技术转移平台系统。

德国技术转移中心为全国企业和高校提供基础的信息服务，促进双方交流，形成网上交易市场。德国技术转移中心是由分部在各州的每一个分中心共同组成的全国性公益组织，基本上每一个州都有，在经济技术和交通运输部指导下开展工作，不仅帮助企业和高校实现技术的转移，而且支持企业的创新活动、引导地区技术创新的方向。

史太白技术转移中心将分散在全国的专家教授整合，成为全德国最大的技术转移机构。1971年巴符州经济部倡议成立非营利公益组织史太白经济促进基金会（StW），史太白技术转移中心隶属于史太白经济促进基金会，是基金会存在的根本。组织实行市场化运作，其理事会由巴符州州长府、经济部、科技部、州议会各议会党团代表、巴符州工业联合会、高校、科研机构、工商会的20名代表组成（其中政府代表占一半以上），是基金会的最高权力机构。

各大学和科研机构设立的技术转移中心将学术研究机构的商业化行为分离，进行市场化运营。世界上第一个将高中和科学研究机关的研究成果转移到企业是在19世纪中叶的德国，当时因为研究经费不足，为了募集资金研究人员，企业也在寻求与企业的合作，企业也在寻求学术界的技术成果学术界和企业之间的联系开始慢慢构筑起来。到20世纪80年代，德国调整知识产权的归属，明确大学和科学研究机关是研究成果的所有者，各机关纷纷建立独立的技术转移中心，负责研究成果的转移。

2.4.3.3 技术转移机构工作方式

德国技术转移中心的人员主要由高新科技领域专业的硕士和博士、权威专家组成，专业的知识储备和人际关系使工作得以顺利开展。中心的工作主要包括：帮助企业查询专利信息和申请专利；帮助企业查询国内外经济和科技数据，了解世界最新形势；为企业创新寻求外部资金支持，提供技术咨询和技术服务；构建网上技术交易市场，提供无偿的服务；组织学术报告会、技术洽谈会，为研究者和企业建立沟通交流的机会。

史太白技术转移中心由拥有专利或技术的高校教授或科研机构专家向史太白经济促进基金会申请成立，中心可以吸纳新的成员扩大发展，最大的技术转移中心超过百人，最小的只有一人。基金整体拥有近千个技术转移中心，根据运营情况每年关闭数十家。各技术转移中心独立运营，申请设立中心的专家或教授成为负责人，承担其运营成本，自负盈亏。技术转移中心为客户提供技术服务，每年向基金会发行财务报告以防止风险。基金会主要寻找项目和赞助资金，提供财务、人事、行政等服务，承担项目风险。为了培养更多的技术转移专家，基金会于1998年在柏林创立了史太白大学。

由于技术转移的商业性质，大学和科学研究机构设立的技术转移中心一般实行公司制的市场化运营。根据研究机构的规模，采用了高工资的专业人才。工作团队也有科学背景。也有法律和经济背景。工作人员一方面联系研究人员，掌握研究的动向，并告知需要寻找的有价值的项目，帮助专利申请的保护研究成果的完成。另一方面保持与企业的联系，技术转移中心通过与双方的沟通实现技术供求的匹配，协商合作的具体事项，完成合同的签订。以马普学会为例，学会成立革新公司（Garching Innovation）负责学会的技术转移。公司由15人组成，其中5人有科学背景，4人有法律和经济学背景，他们实行项目直接责任制，由项目经理联系发明人和企业，其余的项目经理工作到项目结束。

2.4.3.4 技术转移收益分配

德国技术转移中心提供的服务完全免费，不涉及任何技术转移服务的收益分配。德国技术转移中心经费一部分来自政府（各州的科技基金会），另一部分来自企业（工商协会），中心是既向政府负责也努力为企业服务的公共组织。

史太白技术转移中心凭借其技术服务获取技术转移收益的90%，其余10%上交史太白经济促进基金会。史太白经济促进基金会在设立时向政府寻求资助，当发展壮大后已经完全依靠提供服务盈利维持其运作，但是作为决策层的理事成员大多来自政府的代表。

科研机构和高校设立的技术转移中心采取市场主导的公司制，技术的产权人、发明人和技术转移中心享有合理的利益分配，发明人可以从发明实施净收益中获得30%的奖励，剩余部分一般被研究机构和技术转移中心平分（在马普学会，中心获得36.7%，学会获得33.3%）。

2.4.4 法国农业技术转移模式

法国是中央集权较强的国家，通过公营企业等组织，干预国家经济发展。第二次世界大战以后，法国科技体制是集中型的科技体制。面对科技成果的转化等问题，政府相继成立了一些研究机构，因此科技体制对技术转移的影响从政府管理层面、国家研究系统、产业研究活动等方面都有自己的特色。

2.4.4.1 科技管理部门

类似于我国科技部，法国也设有专门负责法国科技决策的部门，政府的其他各部门也都有领导本部门的科技工作组织机构。政府影响科技活动的主要途径是与大型企业签订科研合同和采购合同的方式合作或者出资资助大型科研机构，从而促进技术研发和科技发展。

2.4.4.2 国家研究系统

国家研究机构有两类：一是科技型研究机构，如国家科学研究中心（CNRS）、法国合作发展科学研究所；二是工贸型研究机构，其属于使命导向型，执行国家使命或公共政策。此类机构有20个左右，如国家研究成果推广署、环境和能源控制署等。不管哪种分类的国家研究机构都是由政府出资来建立和运行。

2.4.4.3 法国产业研究活动

法国产业研究活动主要集中在个别高技术产业和若干少数企业。基础研究主要集中在法国国家科学研究中心（CNRS）。法国国家科学研究中心（research center，CNRS）成立于 1939 年 10 月 19 日，属于科技型公共研究机构，隶属于现法国政府国民教育、高等教育与研究部（法国人习惯称之为"研究部"）。法国国家科学研究中心涵盖了各个学科领域，涉及数学、物理、信息和通信科学技术、核物理和高能物理、地球和宇宙科学、化学、生命科学、人文与社会科学、环境科学以及工程科学。法国国家科学研究院覆盖了 10 所学院的全部主要学科。法国科学研究中心参与国家科技发展总政策的制定，与上百所高校保持对口合作关系，科研中心 3/4 的实验室设在这些高校内，并提供科研经费。科研中心的工作人员也可以利用高等院校的大型设备开展研究。

（1）CNRS 技术转移的运行机制

法国国家科研中心于 2006 年 7 月 17 日成立工业政策部门（DPI）以取代原有的企业代表处。工业政策部门同 CNRS 各科学部保持密切联系以推行工业指导机构的政策，并就专利问题向研究室和科研人员传达。工业政策部要做好所有关系到 CNRS 专利和许可证方面的工作。工业政策部由 4 个部门组成：工业政策战略组、工业政策执行组、法国科技创新与转让处、合作与增值服务处。工业政策部内部设立了合作和增值服务处网络协调员以协调他们的工作。由工业政策部战略组牵头，共同确定 4 个组的职责以开展知识产权和研究成果增值方面的工作。

工业政策部就技术转移开展以下工作：一是与合作机构共同努力，在最短时间内将中心实验室里研发出来的先进技术转让出去；二是进一步提高技术转让的质量和效率；三是加强与工业合作伙伴的对话，鼓励企业把涉及基础研究的长期需求告知 CNRS 研究部，以使 CNRS 研究部能够在战略规划中加入这些信息。

（2）法国技术转移网络服务平台对于技术转移的促进作用

在互联网时代，信息技术对技术转移影响深远，它直接促进了技术转移的业务运作模式的转变，由以前传统的运作模式转变为以信息技术运用为基础的现代服务运作模式。信息系统对技术转移业务和活动起着重要的支撑作用，信息服务是技术转移机构的核心业务。技术转移信息服务平台是面向全球、以产业化为目标的技术转移的信息网络平台，及时性和共享性的特点使平台在技术转移方式等方面与其他技术交易形式不同。在技术转移的机制选择上，推动多学科联合攻关、研发产业一体化的发展趋势，精确市场定位。法国技术转移网络服务平台的代表 F2T（FRANCETRANSFERT TECHNOLOGY），是法国最大的公共研究专利技术数据库。这个数据库查询工具是居里网络（Réseau CURIE）和 Oséo 共同发起的，旨在提供他们在各自的科研领域所取得的可转移技术项目。每一项技术供给都包括技术的详细描述、潜在的应用分析、知识产权现状及联系方式。居里网络成立于 1991 年，是一个协会性质的服务机构，旨在促进法国的高校、科研院所的技术向中小企业转移并实现产业化。目前该协会拥有 180 余家会员单位。Oséo 也是一个类似于居里网络的企业网上协作组织，企业或者个人通过在 Oséo 网上实名注册，便可以与其他企业或者个人进行交流互动，并可实现股票转让、技术交流、投标、采购等。为了扩展法国技术转移范围，F2T 还开发了国际科技信息平台，提供法国的科学技术转移信息。

（3）法国技术转移的激励机制

如何激励高校、科研机构的科技成果从实验室转移出来应用到产业部门是世界各国科技管理的一个重点，也是高校、科研机构制定激励机制的一个重要考量。发达国家的科研机构及高校纷纷完善或实施激励机制以提高科学技术成果的转化率。法国制定了一系列政策，包括资本市场规范法、研究开发和技术转让政策等，通过政策规范来消除影响高校、科研机构向私营企业技术转让的阻碍，为技术转让营造越来越有利的环境。例如，法国《创新和研究法》，该法通过制定一系列的激励措施促进公共科研机构的科技成果转移和企业创新。这些措施涉及三方面的内容：一是公共科研机构的科研人员留职创业的鼓励；二是科研机构推广科技成果的政策鼓励；三是税收优惠的实施。该法极大地激发了科技人员的创业热情。

不仅如此，政府在促进技术转让、研究成果商业化等方面制定了相关的法律法规和政策。比如，政府颁布的《创新和研究法》中提到允许公共研究机构的科技人员保留公职、兴办创新型企业；对私人企业研究开发的费用给予税收优惠。可以看出，完善化和具体化的激励制度对于技术转移的发展影响深远。

2.4.5 以色列农业技术转移模式

以色列奉行科技强国政策，90%以上的 GDP 由科技贡献，享有"创新之国"的美誉。以色列是世界上新兴高科技企业密度最高的国家，总数超过 4 000 家，平均每 2 000 人就拥有一家企业。

2011 年，60 家以色列公司在纳斯达克上市，超过了欧洲上市公司的总数。2014 年，以色列的研发投资占 GDP 总额的 4.11%。大部分研发工作由大学和科研机构完成（大学研发投资约占研发总投资的 40%）。高校和科研机构的技术转移对国家经济发展和产业创新具有重要意义。

2.4.5.1 技术转让模式

在以色列，技术转让的方式很少，如技术咨询或合同科学研究，其中大多数是专利技术许可或建立衍生企业。

（1）专利技术许可证

为了保护大学和研究人员的利益，TTC 在国内外寻找适合技术转让的企业，并通过许可其使用专利技术进行转让，即企业只有技术使用权，知识产权仍然属于学校。

（2）建立衍生企业

TTC 通过投资或成立合资企业，成立新企业，以转化大学的科研成果。发明人一般不参与企业的设立。企业可以在孵化器中进行初始运营，TTC 提供管理协助。

2.4.5.2 技术转移组织

以色列的研发能力主要集中在学校和科研机构。7 所研究型大学承担了自然科学和技术领域 30% 的研究工作。这些大学和科研机构成立了自己的技术转让公司。12 家技术转让公司构成了以色列的技术转让系统，俗称"TTC"，负责技术转让。因此，TTC 是一家具有独立法人资格和营利目的的商业机构。大学拥有服务发明成果的所有权，但使用权只能属于负责商业运营的 TTC。TTC 有一个董事会和一个工作组。董事会成员一般为 8~15 人，包括大学校长、大学校长、学院院长、研究院院长、教授、企业负责人（包括风险投资公司），以色列科技转让公司的工作团队需要有一个复合的科学和商业背景，一般为 10~15 人，主要分为四个部门：专利委员会或专利部，负责技术评估、筛选和专利申请保护；业务发展部，负责技术推广、客户发现和技术转让谈判；法律部负责制定技术转让过程中签订的各项协议；财务部负责预算和收入管理。

2.4.5.3 技术转让收入分配

以色列技术转让公司的初始运营成本来自学校，但随后从技术转让收入中提取，以维持其运营。绝大多数技术转让通过技术许可与公司合作。成果商业化成功后，企业按约定将销售收入的 0.4%~6% 给予技术转让公司；技术转让由 TTC 单独或与企业联合成立的新企业实现。发明人不占用企业股份，收入分配比例通常为 30%~60%（在 Yeda 和 Yissum，研究人员可获得 40% 的现金收入）。企业的销售收入或销售收入佣金一般按 4∶4∶2 的比例分配给发明人、大学、实验室（或部门），大学将收入的 40%~60% 分配给技术转让公司。

2.4.6 荷兰农业技术转移模式

荷兰农业科技水平处于世界的前列，采用资金密集、知识密集的生产方式来实现高投入、高产出和高效益的农业，特别是在育种和温室技术方面取得了令人瞩目的成就。

对于国土面积十分有限，然而擅长海外贸易的荷兰来说，技术转移最要坚持的一点就是坚持以市场为导向。因此，荷兰通过"大进大出"的方式，调整农业结构，用知识和资金替代土地，坚持农业技术的研发和转移，制定明确而灵活的农业发展战略。

可以说，荷兰是用优质的国际交易市场支撑了本国的农业科技：目前荷兰是世界上最大的马铃薯出口国，种用和其他马铃薯销往世界多个国家，是世界上四大蔬菜种子出口国之一；依托先进的温室技术，荷兰园艺生产占有相当份额，主要是蔬菜、水果、花卉、植物、鳞茎和苗木，鲜花出口占全球市场的，大部分蔬菜鲜花在温室内生产——荷兰农业技术的国际转移能力可以从其农产品贸易中可见一斑。

（1）分工合理的科研配置体系

荷兰的农业科研由大学、研究所、区域研究中心、农业实验站等部分组成，包括基础研究、战略与政策研究、应用研究和开发研究四大部分。这些研究由三个方面的研究机构来完成。

农业科学研究院。第一，研究所和服务机构。农业科学研究院下设 11 个研究所和 1 个后勤服务机构，主要开展农业发展战略研究、基础研究和应用研究。其经费的 65% 由农业农村部支付。第二，研究站与地区研究中心。这些研究机构旨在快速解决农业不同领域中的问题。由农业农村部组织的 9 个研究站和 34 个地区研究中心开展农业科学试验和实际应用研究。它们的经费由农业农村部与商业部各承担一半。第三，瓦赫宁根农业大学和荷兰皇家艺术与科学院的农业科研中心。它们承担了国家下达的部分基础研究与应用研究任务，各科研单位研究方向各有侧重、分工明确但又相互协作。农业科研机构总体上表现为科技人员多、研究力量雄厚的特点。在经费投入上，形成了以国家拨款为主、多渠道的农业科研投入体系。

荷兰的农业科技项目立项以市场需求为导向，实行委托式项目管理机制，把部分研究机构推入市场，面向生产、接受私人企业的委托，从事项目研究。这样的好处是：首先，可以通过竞争获得政府委托科研项目及经费资助，以确保在日益国际化的背景下，保持荷兰农业科技在国际上的竞争能力；其次，可以激励农业科技创新，分散创新可能带来的风险，更好地解决日益复杂的农业生产实际问题，促进成果的迅速应用。

与此对应的是，荷兰的基础研究、战略研究和应用研究的经费主要还是由政府投资，政府每年对农业的经费投入占全部投入的 60% 左右。既有市场的引导，又有政府的大力支持和稳定的经费投入，极大地促进了荷兰农业科技的发展，有力地带动了荷兰农业技术的国际转移。

（2）完善的科研衔接系统

政府、农协、合作社协作进行农业科技推广，是荷兰农业科研衔接系统的基本特点，这体现在国家推广系统、农协组织、农民合作社组织、商贸和私有咨询服务组织等方面的分工合作。

国家级的推广机构，主要由农业农村部主管的农技推广局和各省级推广站、地区农技咨询中心构成，其农业科技推广服务工作主要由一批农学专家和专业推广人员负责。为凸显荷兰农业发展的竞争力，荷兰政府根据农业发展特色进行区域布局，并配有专业农业技术推广人员，提升农业科技推广的有效性和针对性。此外，荷兰政府也特别重视发展各种合作组织和农民组织，积极引导农民转化经营模式，即由分散经营转向联合经营。同时，私人推广机构在荷兰的农业技术推广中也发挥着重要作用，部分私人企业（如农业商业公司、农业银行等）直接聘请农业技术推广人员为农民提供服务。

（3）高度重视农业职业教育与技术培训

农业知识创新体系是荷兰农业发展的基础，而农业职业教育、科研和推广则是支撑荷兰农业知识创新体系的三大支柱。荷兰高度重视农业科技研发与教育投入，2004 年教育和研究经费占国家总预算的 19%，领先于其他部门。此外，荷兰建立了以正规农业教育为主，农业职业教育和技术培训为辅，覆盖所有农村范围的农业职业教育体系，极大地提高了农业从业者的综合素质与职业能力。

荷兰农业发展之所以比较成功，主要在于拥有大量有文化、善经营的高素质农民。虽然荷兰对农业从业者没有明确的教育程度要求，但大部分荷兰农民基本都接受过农业专科学校的培训，绝大多数具有大学本科及以上学历，部分农民还拥有双学位或硕士、博士学位，不仅能熟知和掌握现代农业科技知识，而且能灵活使用和维修各种农机设备。除此之外，每个农民还定期接受各种培训，约 500 名农技人员通过各种形式的培训班，帮助农民及时获得最新的农业科技知识。

在荷兰，农渔部直接领导国家推广体系，地方行政部门基本无法干预。荷兰在录用、考核、培训农技推广人员上也有一套严格规范的制度，不仅保证了推广队伍的高素质和知识的及时更新，而且为农民提供了全方位的优质服务。无论是中央还是地方的推广部门，都设有专职的推广培训教育专家，讲授推广的基础理论、推广方法及适用的新技术。同时，推广部门要求每个推广员每年至少要参加 1 个短期培训班，每 2 年至少要参加 1 个长期培训班，并对推广人员有严格的考核评价标准，如岗位工作完成情况、发表专业文章、农民的反映等都是考核的基本指标。

这是基于这样的培训系统，在荷兰这个不大的国家里，各类农业院校和培训中心多达 342 所，学校的宗旨始终是为农民服务、为生产服务。职业教育直接面向农民，农民通过职业教育第一时间了解各项技术的最新进展和市场需求，为成为较高科学素质和商业能力的职业农民奠定了扎实的基础。

第3章
农业科技成果价值评估

3.1 农业科技成果

科技成果是指为了解决某一科学技术问题，经研究、试验、试制、考察、综合分析而得出，并通过技术鉴定或评审，具有一定新颖性、先进性和实用价值（或理论价值）的结果或重大项目的阶段性成果。农业科技成果有其领域的特定含义。

农业科技成果，定义有广义和狭义之分，其中狭义的农业科技成果指的是集合众多科研人员的知识、技术力量，历经考察、试验、研发等系列过程而完成的创新科研活动或是指转化过程中的某一类成果，而广义上的农业科研成果，其范围更广，不仅有科技成果、生产技术，还有农业管理与服务，将其应用在农业实践上能产生巨大的经济社会效益。对于农业高校、科研机构企业及其他社会涉农团体来说，农业科技成果主要类型包括动植物品种、新药（包括兽药、农药）、新产品、专利技术、植物新品种权等获得知识产权的成果，以及尚待转化的农业科技成果。

农业科技成果转化是衡量国家或地区科技发展水平的有效指标之一。据统计，在国外，一些发达国家的农业科技成果转化率高达80%以上，而我国仅为35%~40%，甚至更低，形成规模的不到20%，很多农业科技成果闲置造成转化效率低、影响了转化速率慢、无形中阻碍了农业科技成果的顺利转化应用。

为了提高农业科技成果转化率，2015年我国颁布修订的《促进科技成果转化法》充分激发了科研人员的创新创造的活力，国家专门成立了"农业科技成果转化资金"专项，投入了大量的人力、物力、财力和科学技术。全国各地集中出台了一系列促进科技成果转化的激励政策，推动高校和科研院所及企业的科技成果转化。

影响农业科技成果的转化的重要因素包括转化主体、转化客体、转化受体以及转化环境与手段，其中转化的主体一般是指政府、科研单位、推广转化机构、科技成果使用者；转化客体即被转化成果本身及其所拥有的特质；转化受体一般为采用科技成果的生产者或单位，他们不仅是农业生产的主体，也是农业科技成果接受与应用的主体；转化环境指农业科技成果转化过程中所涉及的政策、法律、自然环境以及社会环境等；而转化手段则是指转化过程中所运用的具体方式方法，如交易过程中的价值评估。

3.2 科技成果价值评估

交易中的价值评估是科技成果作为商品逐渐被认识和重视后发生的行为。科技成果具有一般商品的有价性，但不具有重复性和量产性，同时具备农业科技成果自身的特点和规律，包括技术成熟度、成果适用性、成果的垄断性、转化时效性、落地适应性、受让方的地域性、市场的需求度和法律环境等。作为一种特殊商品，在流通的过程中，起到了对科技资源优化配置的作用，也对理顺科技成果管理的体制机制和技术市场发展起到了调节和推动作用，其价值也得到越来越高的体现，这就造成科技成果的价值判定不能用评价普通商品的社会必要劳动时间来进行定量评估。

科技成果价值评估必须具备一定交易环境和交易条件，而对于高等学校及科研机构来说，科技成果转移转化又涉及国有无形资产保值增值等问题，这些都是造成科技成果评估不确定性的因素。因此，建立合理、科学的科技成果价值评估体系，对增强科技成果转化的规范性和科学性、促进高校科技成果产业化、提高企业科技创新能力、提升国家经济的整体活力和发展潜力具有重要的意义。只有通过一个科学合理的价值评估过程，得到一个相对公平合理的成果价格估值，交易双方才会根据评估结果确定成果交易价格，进而促进科技成果顺利转移转化。如果没有对科技成果进行价值评估，科技成果就很难有一个市场化交易定价的参考依据，造成的结果要么成交价过高，需求方得不到预期的收益，影响了需求方的积极性；要么就是成交价过低，成果持有方感觉成果低于其预期价格被贱卖，同样影响了持有方的积极性。所以说，科技成果的定价或者说科技成果的评估价值，既不能过高，也不能过低，需要有相应的评估机制，促使科技成果交易公平合理。因此，进行科技成果转化价值评估研究就显得十分必要。

3.2.1　价值评估主体

科技成果的价值评估是由专门的评估机构，根据国家的相关法律、法规、规章及制度的要求，根据评估的目的，选择科学的评估标准，按照规定的评估程序，运用合理的评估方法，收集大量的信息及开展一定的考察工作来进行的。但由于各国的国情及文化背景不同，科技成果评估工作的组织机构设置也有所不同。发达国家科技成果丰富，转化率高，其评估机构已经形成多层次的评估体系，如美国、德国、日本等，但各国的评估机构在组织建设上又有所差别。

美国政府会投入过半的经费支持科研，科研成果由评估机构主持，政府虽然不会分管科技成果评估机构，但对评估进行严格的把关和监督。根据评估主体不同，美国可分为国家层面的政府评估，科研机构的自评估和第三方评估或民间评估。其科技成果评估机构有世界技术评估中心、美国审计总署、美国科学基金会和国家研究理事会等。

德国政府中不设置专门负责科研成果的部门，而是把科技成果管理放到项目管理的过程中进行。科学顾问委员会是德国主要评估机构，它由联邦政府和州政府共同支持和承担费用，独立地展开工作。其他的评估主体还有德意志学术交流中心、洪堡基金会等科研教育资助机构以及马普学会、弗朗霍夫学会等大学和科研机构。

日本的科技评估机构大致可以划分为三个层次：一是以科学技术会议政策委员会为代表的综合性科技评估机构；二是附属各产业部门的专业性评估机构，如通产省的产业构造审议会；三是以富士通为代表的企业性评估机构。

我国随着全面深化改革的推进和科学技术的大力发展，对科技成果的评估工作重视程度加大，已初步形成了以国家科技评估中心为主体，由地方科技评估中心、行业科技评估机构和其他类型评估机构组成的国家评估体系。科技部是我国科技评价活动的主管部门，负责全国科技评价活动的组织、管理、指导、协调和监督。但由于我国科技成果第三方评估提出的时间不长，对其理解和认识还不够深入。再加上科技成果评估本身具有一定的不确定性，影响了相关部门和社会组织的参与热情。所以结合实践来看，第三方科技成果评价并未发挥预期作用。

3.2.2　价值评估基本原则

实际价值评估需要遵守一定的原则，包括规范评估行为的原则以及规范业务的准则。其中规范评估行为的原则即价值评估的工作原则有科学性原则、客观公正原则以及独立性原则；而规范业务的准则有预期收益原则、替代原则、供求原则以及评估时点原则。

价值评估的工作原则包括如下。

（1）科学性原则

要求资产评估机构和评估人员必须遵循科学的评估标准采用的科学的评估方法进行资产评估。

（2）客观公正性原则

资产评估是评估人员认真调查研究，通过合乎逻辑的分析、推理得出的，具有客观公正性的评估结论。要求资产评估工作实事求是的得出结果，同时要尊重客观实际，不能以自己的好恶或其他个人情感进行评估。

（3）独立性原则

指评估机构及其他评估人员在执业过程中应始终坚持独立的第三者地位，评估工作不受委托人及外界的意图及压力的影响，进行独立公正的评估。

规范业务准则包括如下。

（1）预期收益原则

指在专利资产评估中，其价值一般是基于对未来收益的期望。也就是说，专利资产价值的高低，多数情况下取决于该专利技术的未来效用和获利能力。该原则在进行专利资产评估时，必须合理预测其未来的获利以及拥有获利能力的有效期限。

（2）替代原则

本质上就是比较性原则，即对于具有相同使用价值的技术资产，投资者一定会选择价格最低的。

（3）供求原则

任何资产的价值都是随着时间和环境的变化而变化的。资产所有者和预期购买者有各自的目标价值估计，在一段时间下可能达成交易，在讨价还价可以达成交易的这个区间是评估者分析的重点。所以评估价值是专利资产在评估基准日的市场公允价值。

（4）时点原则

市场是变化的，资产的价值会随着市场条件的变化而不断改变。为了使资产评估得以操作，又能保证资产评估结果可以被市场检验，资产评估时，必须假定市场条件固定在某一时点，这一时点就是评估基准日。

3.2.3 价值评估目的

王建中在总结了大量前人论述的基础上，在其博士论文中提出："资产评估的本质应是价值。"Richard. M. Bettes 在他的《房地产评估基础》一书中认为："资产评估就是对价值的估算。"赵邦宏和刘伍堂在书中认为资产评估目的分为一般目的和特定目的，认为资产评估一般目的是资产的公允价值。把资产业务对评估结果用途的具体要求称为资产评估的特定目的。特定目的在资产评估中具有重要的作用，有入股、质押、融资等的差别。

一般资产业务包括资产转让、企业兼并、企业出售、企业联营、股份经营、中外合资、合作、企业清算、担保、企业租赁、债务重组引起资产评估的其他合法经济行为等。

综上所述，价值评估多以资产评估形式出现，又多以专利、商标、著作权等知识产权形式作为资产评估的重要内容，近几年的数据显示，以科技成果知识产权质押融资为目的的业务发展迅猛。国家相关政策也在陆续出台，大力支持高新技术企业知识产权质押融资。然而，在实务中，资产评估在高新技术企业知识产权质押融资中还未发挥出应有的作用，需要进一步探索与提升。

3.2.4 价值评估流程

国外的科技成果评估在长期的实践中建立起了与本国国情相适宜的评估程序，但这些程序不是一成不变的，随着国家体制与经济发展不断改进和更新的。我国科技成果评估，大致包括以下几个步骤。

基础准备阶段：根据评估成果的特点和标准规范挑选评估专家，成立评估委员会，并制定任务大纲和实施方案。

项目申请阶段：凡需进行科技成果评估的单位和个人，必须填写《科技成果评估立项申请书》，按照行政隶属关系和科技成果所属专业领域，向有关科技管理机构或科技成果评估机构提出评估申请。

资料收集阶段：委托方提交相关材料，评估目的包括科技成果水平评估、价值评估以及综合评估，根据评估目的需提供不同的材料。

综合评估阶段：评估机构在委托书签订后，评估委员会对资料进行核实、分析整理，同时可采用实地（实物）考察、座谈、检测、核算相结合的形式进行评估。具体评估进度及有关事宜由评估机构与委托方协商决定，形成完整的报告。

评估结论形成阶段：评估机构完成评估后，向评估机构的上级管理机构递交评估报告书并对其评估程序、人员、材料和内容进行审核。

成果登记阶段：科技管理部门根据《评估报告书》予以成果登记。

3.2.5 价值评估常用方法

农业科技成果评估方法对于农业科技成果评估具有重大影响，不仅关系到农业科技成果价值的多少，而且事关农业产业的持续创新与农业科技成果顺利实施，对于完善产权交易市场，提高我国整体的农业创新能力具有重要的作用。但目前国内外对农业科技成果的估价认识不一，还没有形成统一、科学、有效的适用于其估价的方法。我国财政部颁布的《资产评估准则——无形资产》中对无形资产的评估方法专门做了规定，针对目前比较普遍的三种农业知识产权价值评估方法，结合农业科技成果的特征，最大限度保证农业科技成果价值评估结果的科学性与可靠性。即针对拥有很好历史数据的农业科技成果应该采用成本法，如果拥有较好市场价格，可以采用市场法；如果能够很好地评估未来收益，那么在农业科技成果价值评估的过程中可以选择使用预期收益法进行价值评估。

3.2.5.1 成本法

（1）定义及公式

成本法的基本原理：任何资产的获得总是要付出相应的代价，不管是通过自创还是外购都需要对其所付出的代价进行价值补偿，根据最低成本原则，现实情况下获取或建制具有类似功能的资产需要支付的金额成为资产价值的界限，所以可从制造同等资产所需资金的角度去评估知识产权的公允价值。另外，被评估的知识产权经过一段时间总有一定的损耗，而投资人是不可能为已损耗部分支付代价，因此必须从全新知识产权的总价中扣除损耗的部分，从而得到知识产权的评估值。

成本法的公式为：

$$评估值 = 重置成本 - 无形资产损耗$$

或

$$评估值 = 重置成本 \times 成新率$$

（2）评估参数的确定

重置成本。成本法的重要参数之一是评估对象的重置成本。重置成本一般可以分为复原重置成本和更新重置成本。两者的相同之处在于都是技术的现实价格，不同之处在于前者采用的是原来的程序和模式，而后者则采用更为先进的程序和模式。对于技术型知识产权而言，在某些情况下很难计算其更新重置成本，而只能使用复原重置成本。以专利为例，某项专利自被授予专利权之日起，专利在某个时间范围和空间范围内获得了法律的保护，具有了唯一性和垄断性。而且，由于被授予专利后，专利的相关技术参数和设计思路将会被公开，利用这些信息可以非常轻松的研发出与专利具有相同功能的技术，或者采用更为先进的手段、花费更少的成本研制出技术。但是，专利权不同于实物资产，专利与技术的本质区别在于，前者拥有后者所不具备的垄断性。因此，专利权在计算重置成本时，只能采用复原重置成本。

重置成本构成。技术型知识产权的重置成本主要包括成本、利润和费用，其中成本中又包括研发成本、后续成本、交易成本等。

研发成本。在自创技术型知识产权的重置成本中研发成本是指为研制和开发某项技术型知识产权所消耗的物化劳动和活化劳动，包括研究阶段和开发阶段所发生的全部物化劳动和活劳动的费用支出，包括直接成本和间接成本。直接成本是指研发费用发生时，可直接归属于评估对象的费用，而间接成本是指与评估对象难以形成直接量化关系的资源投入成本。

技术型知识产权研发过程中的直接成本一般包括材料费用，即为完成技术研发所消耗的各种材料费用人力费用，即直接参与技术研发的工作人员的工资及各项福利费用专用设备折旧费，即为研发所购置或建造的专用设备的折旧费和专家咨询费，即为完成研发项目所聘请的外部专家费用资料费，即研发过程中所需要的图书、资料、文献和印刷等费用协作费及项目研发过程中某些部件的外加工费用及使用外单位资源的费用培训费，即为完成项目所发生的相关人员培训的各种费用差旅费，即为完成研发项目发生的差旅费用其他费用。

技术型知识产权研发过程中的间接成本一般包括管理费用，即为协调、组织、管理研发项目所发生的费用财务费用，即为研发活动筹集资金所发生的利息费用、手续费及汇兑损益应分摊的公共费用。

后续成本。某项技术型知识产权研发成功后，可以有两种选择：①选择申请专利，并公开技术；②选择作为企业的专有技术，秘密实施。不管作出哪种选择，在成为一项技术型知识产权后都需要付出一定的后续成本。对于专利权而言，研发成功后所需要支付的后续费用包括，专利代理费和专利申请费，以及申请成功后每年所需的维护费用。对于专有技术而言，企业需要制定相关的保密措施和制度，引进相关的保密设备，这些费用都应该直接或分摊到专有技术中。

交易成本。技术型知识产权的交易成本是指发生在交易过程中的费用支出，主要包括技术服务费、交易过程中的差旅费及管理费、手续费。

开发利润。技术型知识产权的开发利润是构成技术型知识产权成本的重要组成部分。在财政部颁布的《资产评估准则——无形资产》中明确指出，"无形资产的重置成本包括合理的成本、利润和相关税费"。在无形资产评估准则释义中提到，"需要根据一般无形资产的交易价格组成因素，考虑适当的利润和相关税费"。但是在成本法评估实务中，技术型知识产权的开发利润通常按照行业的平均利润，有的评估案例中甚至被忽略。

相关税费。技术型知识产权交易中的相关税费主要指营业税。根据国家开始实施的新税制有关规定，技术型知识产权转让时，供给方应缴纳一定金额的营业税。

$$营业税费=知识产权的成交价×营业税税率$$

重置成本的计算公式：

$$重置成本=技术研制开发历史成本×该技术置存期间基本物价指数的调整系数$$

（3）运用成本法注意事项

技术型知识产权的贬值。在运用成本法时，往往需要考虑技术型知识产权功能性贬值和经济性贬值。技术型知识产权创造超额利润的源泉是其技术的先进性和垄断性。当市场上出现更为先进的技术而且该技术已经被应用到产品生产时，原有技术所生产的产品可能会出现两种情况：一种情况是新技术所生产产品在功能和性能上与原技术所生产的产品相同，但是由于新技术的应用而使得原技术所生产产品的成本相对增加，从而导致原技术超额收益减少甚至消失。另一种情况是新技术所生产产品的功能和性能相对于原技术所生产的产品具有很大的提升，使得原技术所生产产品的销量减少，从而导致原技术超额收益减少甚至消失。这两种情况的出现都会导致原技术型知识产权产生贬值。

功能性贬值。技术型知识产权的功能性贬值是指由于新技术的出现所引起的该知识产权功能相对落后而造成的知识产权价值损失。它包括由于新工艺、新技术和新方法的采用或者对原有技术的改进，而使原有知识产权所生产产品的成本超过新技术生产同样产品的成本，以及在同样成本下新技术生产产品的性能较原知识产权生产产品的性能有较大的提高。

经济性贬值。技术型知识产权的经济性贬值是指由于外部条件的变化引起知识产权利用率下降、收益下降等而造成的知识产权价值损失。就表现形式而言，技术型知识产权的经济性贬值主要表现为运营中技术型知识产权利用率下降，甚至闲置，并由此引起技术型知识产权运营收益减少。如果技术型知识产权出现经济性贬值那对于知识产权来说是相当危险的，表明其已经没有能力创造价值，其经济寿命可能将要到期。

（4）成本法评价

在技术型知识产权评估实务中，成本法的评估结果合理性受到了一定的质疑，其中主要表现为成本法评估结果与评估对象的未来实现价值具有一定的弱对称性。而且，在成本法的计算过程中反映出技术型知识产权的成本构成复杂，人力成本的计量困难等难点。这些问题和难点使得成本法多应用于外购技术型知识产权评估中，在自创技术型知识产权评估中的应用范围十分有限。

3.2.5.2 市场法

（1）定义及公式

市场法是根据的评估中的替代原则，利用市场上同类或类似资产的交易资料和交易价格，通过对比、分析、调整等具体技术手段来估测被评估的科技成果的评估方法。因为任何一个正常的投资者在购置某项资产时，他所愿意支付的价格不会高于市场上具有相同用途的替代品的现行市价。因此运用市场法时，就可以充分利用类似资产成交价格信息，并以此为基础判断和估测被评估资产的价值。运用已被市场检验了的结论来评估资产，易被交易双方所接受。

市场法估价的计算公式：

$$资产的评估值 = 市场上类似资产的价值 \times 调整系数$$
$$资产的评估值 = 市场上类似资产的价值 + 时间差异值 + 交易情况差异值 + \infty$$
$$资产的评估值 = 市场上类似资产的价值 \times 时间差异修正系数 \times 交易情况差异值 \times \infty$$

（2）市场法评估参数的确定

参照物成交价格的确定。确定参照物交易价格的关键是对参照物的选择。资产中有活跃的市场和活跃的交易，因此一定有很多可供参考的案例。正确选择参照物是正确应用市场法最重要的步骤。选择时，不仅要注意资产本身特性的相似性，还要注意资产面临的交易目的和交易时间等因素。并且为了避免交易物具有偶然因素的影响，要尽可能多地选择参考物。

修正参数的确定。在参照物和评估资产之间选择可以比较的指标，把指标量化，计算出两者之间的差异额。用差异额调增或调减参照物的价格，得到以每个参照物为基础的评估对象的评估值，最后再综合评定。修正参数确定一定要注意指标的可比性和重要性，与资产性质的匹配性。如房屋重要的特征是地理位置，而机器设备则有可能是技术水平。

在参照物和评估资产之间选择一个可比较的指标，量化该指数，然后计算两者之间的差异金额。使用差异金额增加或减少参照物的价格，以获得基于每个参照物评估对象的评估值，再进行综合评估。

（3）运用市场法应注意事项

选择基础类似的科技成果。被评估的参照物与作为参照物的科技成果至少要满足形式、功能及交易条件相似的要求。形式相似指参照物与被评估科技成果按照某一分类，可以归并为同一类。功能相似指尽管参照物与被评估科技成果的设计和结构存在不可避免的差异，但他们的功能和效用应该相同或相似。载体相似指参照物与被评估科技成果所依附的产品或服务应满足同质性的要求所依附的企业则应满足同行业与同规模的要求。交易条件相似，指参照物的成交条件与被评估科技成果模拟的成交条件在宏观、中观和微观层面上大体接近。

收集尽量多的市场信息。在形式、功能和载体方面满足可比性基础上，尽量多收集促使交易达成的市场信息，包括供求关系、产业政策、市场结构、企业行为和市场绩效的内容。其中市场结构分析尤为重要，需要分析买卖双方之间及对市场内已有的买方和买房与正在进入或可能进入市场的买方和卖方之间的关系。评估人员应熟悉因经济学市场结构不同，作出的完全竞争、完全垄断、垄断竞争和寡头垄断的分类。同时评估人员要看到拥有知识产权的科技成果具有依法实施多元和多次授权经营的特征，使得过去交易的案例成为交易的参照依据，同时也应看到时间、地点、交易主体和条件的变化也会影响被评估专利资产的未来交易价格。

价格信息相关、合理、可靠、有效。市场法应用基础的价格信息的相关就是所收集的信息与需要被评估的科技成果的价值有较强的关联性；合理指所收集的价格信息能反映被评估科技成果载体结构和市场结构特征，不能简单的用行业或社会平均的价格信息推理具有明显差异的被评估科技成果的价值；可靠指所收集的价格信息经过对信息来源和收集过程的质量过程，具有较高的置信度；有效指能够有效反映评估基准日的被评估科技成果在模拟条件下的可能的价格水平。

（4）市场法评价

由上可以看出，市场法是在多个已经实现的价格中进行遴选，选出最有可能与被评估资产价格相近的价格，再进行调整得出被评估资产的评估值。

对于运用市场法要具备两个前提综合可知，第一是有活跃的公开市场，这个市场上买卖双方较多，交易比较活跃，存在的市场行情可参考，而不是零星的个别交易；第二是这个公开的市场上要有可比的资产及其交易活动。参照物与被评估资产之间在功能上、面临的市场条件上均存在可比性，并且参照物成交时间与被估测资产评估基准日间隔不能过长。满足这两个前提下，运用市场法得出的结果理论上与均衡价格最为接近，实际中也最容易为评估各方认同。

但目前我国技术市场尚处于初级阶段，市场交易量小，市场环境不稳定，有关交易的技术信息和资料不完备。而且由于技术本身的创造性和新颖性一般较难在公开市场上找到可以参照的技术资产的交易资料，市场法的运用在技术评估中有一定的局限性。

在实际应用市场法时，虽然专利资产具有的非标准性和唯一性特征限制了市场法在专利资产评估中的使用，但这不排除在评估实践中仍有应用市场法的必要性和可能性。国外学者认为，市场法强调的是具有合理竞争能力的财产的可比性特征。如果有充分的源于市场的交易案例，可以从中取得作为比较分析的参照物，并能对评估对象与可比参照物之间的差异做出合适的调整，就可应用市场法。

3.2.5.3 收益法

（1）定义及公式

收益法是指将未来的超额收益折现得到的价格，作为知识产权的评估值。它实际上是对知识产权的获利能力的评估。如果待评估知识产权的获利能力越强，价值相应也就越大。

收益法的公式：

$$P = \sum_{i=1}^{n} \frac{a_i}{(1+r)^i}$$

其中：P 为待估知识产权价值，a 为待估知识产权为产权所有者在第 i 年带来的超额收益，r 为折现率，n 为收益年限。

（2）评估参数的确定方法

超额收益的确定。确定一个企业知识产权的超额收益有很多种方法，例如直接法和间接法。

直接法：直接利用由于使用某项专利或品种权而带来追加利润及由于降低投入成本增加利润来分析企业专利或品种权带来的超额收益。

间接法：通过分析某项专利或品种权的贡献率来分析知识产权的价值。在这两种方法中，直接法尽管简单易行，但是它从本质上只是反映了通过使用某项专利技术或品种权带来企业利润的增量问题，并不能代表知识产权的价值，因此，为了更加合理地评估一项知识产权的价值，一般采用间接法。间接法的关键问题是确定知识产权贡献率的问题。

间接法是通过测定知识产权对企业销售收益的贡献率确定知识产权带来的超额收益，其公式为：

超额收益＝企业预期销售收益 × 知识产权贡献率

常见的测定无形资产贡献率有以下方法。

方法一，边际分析法。

贡献率＝各年度净增加利润现值／各年度利润现值

资金加权平均成本分析法（美国评估公司提出）：

资金的加权平均成本＝（净流动资金／企业价值）× 流动资金收益率＋

（有形资产值／企业价值）× 有形资产收益率 ＋（无形资产值／企业价值）× 无形资产收益率

由于流动资金有形资产及总资金成本等因素的值可以求出，因此无形资产的收益率近似于知识产权贡献率。对技术型知识产权可以采用要素贡献率的方法确定超额收益。

方法二，要素贡献率法。要素贡献率法从本质上说是一种技术分成法，因为影响企业获得的收益及价值的要素很多，采用技术分成的方法可以提炼出知识产权等无形资产对企业收益的贡献程度，进而得出知识产权的价值。现在很多技术类无形资产评估报告，一般采用利润分成法或销售额分成法来确定超额收益。

常用的确定技术分成法参数的方法包括如下。

第一种，四分法：四分法认为企业所获利润是由资金、组织、劳动和技术这四个因素的综合成果，因而技术所获利益应占总收益 25% 左右，并根据具体情况进行修正。但是，四分法只是个定性说法，并不能直接使用。

因此，利润分成率不同国家是很不一样的，例如联合国工业发展组织对印度、菲律宾等发展中国家引进技术价格分析后，提出的利润分成率在 16%~27%。国际上其他一些国家一般认为利润分成率在 15%~30% 较为合理。而我国对近 700 个行业 44 万余家企业的调查统计表明：以销售收入为基础的技术分成率一般在 2%~7%。因此，不同国家，不同国家的发展水平以及不同的历史时期都会对要素贡献率产生很大的影响，因此需要找一个客观可行的方法分析技术分成率。

第二种，层次分析法：国家科委软科学研究计划资助项目《技术资产评估：方法·参数·实务》中给出的"国内工业行业（销售收入）技术分成率参考数值表"，比起联合国 20 世纪 60—70 年代的数据有更强的实际意义。但是也应看到资料的时间性，由于我国技术的贡献率不断提高，市场经济的不断发展下技术转让和投资作价不断提高，技术提成率已呈现偏低的状态，逐步背离市场交易的事实。

因此我们需要一个在不同技术领域、不同交易条件、不同时期等都适应的分析技术分成率的方法，根据现有研究以及技术资产和知识产权评估中的实践经验，认为采用层次分析法来确定分成率是较合理的。

通过层次分析法分析各因素之间关系，由专家确定各因素的权重 A_i，并确定各因素的等级 V_j，其中 $A = \sum A_i = 1$。V_j 为若干等级并对应一定的分值；计算综合加权平均分数 $\sum A_i V_j$；针对不同行业的分成率范围，寻求评价分数与分成率的对应关系，根据该对应关系确定所评估技术的分成率。

折现率的确定。折现率在本质上是投资报酬率，有以下几种方法。

方法一，加权平均资本收益模型。

加权平均资本收益率＝（长期负债金额／全部投入资金）×长期
负债平均利息率×（1－所得税率）＋（股东投资金额／全部投入资金）×股东投资利息率

方法二，资本资产定价模型。

西方国家主要使用资本资产定价模型确定折现率。资本资产定价模型（CAPM）：

$$r_t = RF_t + \beta_t(RM_t - RF_t)$$

其中，r_t：折现率；RF_t：无风险报酬率；RM_t：期望报酬率；β_t：风险系数。

采用资本资产定价模型得出的折现率，也是通过计算资金的无风险报酬率加风险报酬率得到的。该模型确定了在不确定条件下投资风险与报酬之间的数量关系，在一系列严格资本假设条件下推导而出，如投资人是风险厌恶者；不存在交易成本；市场是完全可分散和可流动的。根据我国目前资本市场的发展现状，运用该模型的条件还不太成熟。我国证券市场建立时间较短，发展尚不完善，信息不够充分有效，因此对 β 系数的计算具有一定局限性。β 系数的计算需要大量的数据支持，一般只有上市公司能够计算。目前在实际工作中，主要由专门机构定期计算公布。

方法三，风险报酬累加法。

折现率由无风险报酬率和风险报酬率组成。累加法是一种将无形资产的无风险报酬率和风险报酬率量化并累加求取折现率的方法。无风险报酬率是指在正常条件下的获利水平，是所有的投资都应该得到的投资回报率。风险报酬率是指投资者承担投资风险所获得的"超过""以上"二者删其一部分的投资回报率，根据风险的大小确定，随着投资风险的递增而加大。风险报酬率一般由评估人员对无形资产的开发风险、经营风险、财务风险等进行分析并通过经验判断来取得，其公式为：

折现率＝无风险利率+风险报酬率+通货膨胀率

风险累加法在运用时要考虑的问题有：一是注意无形资产所面临的特殊风险。无形资产所面临的风险与有形资产不同，如商标权的盗用风险、专利权的侵权风险、非专利技术的泄密风险等等。二是如何确定计入折现率的内容和这些内容的比率数值。三是折现率与无形资产收益是否匹配。

方法四，行业资产收益率法。

行业平均收益率法（目前我国无形资产评估时常用的一种方法）将被评估企业所在行业的平均资产收益率作为折现率。行业平均资产收益率可以从社会经济统计资料中获得，也可以通过上市公司的统计资料得到，因为上市公司采用公开的财务制度，且财务报表经过注册会计师的严格审计，具有可靠性，因此这样算出的行业平均资产收益率比较合理。行业平均资产收益率是企业运行情况的综合体现，可以反映不同行业的收益状况。但这种方法在运用中也存在一些问题，如行业平均资产收益率容易忽视行业内部差别，同一行业内部各个企业在决定企业风险的因素上有着很大差异，从社会经济统计资料中直接获得的相关数据与被评估无形资产的收益能力不相同等等，因此在用行业平均资产收益率作为无形资产评估折现率的时候要根据具体情况做出判断，将在此基础上修正后的行业平均资产收益率作为折现率。

折现期限。折现期限又称收益年限，一般选择经济寿命和法定寿命中的较短者。影响知识产权经济寿命的因素有两种：一是新的或更为先进、适用、效益更高的无形资产的出现，使原有的无形资产贬值。二是因为传播面逐渐扩大其市场价格等方面的优势逐渐丧失，从而造成知识产权价值的降低。

知识产权剩余经济寿命的确定应视具体情况而定，一般来讲，对于收益相对稳定的 可以根据法定（合同）寿命的剩余年限确定剩余经济寿命。我国目前对于专利技术经济寿命的一般规定是：一般技术商品不超过 5 年，高新技术 2~3 年，基础工业技术 8~9 年。对于部分专利权应根据其更新周期评估剩余经济寿命。

（3）收益法评价

收益法应用是将农业知识产权的获利能力予以量化成为预期收益，并将该预期收益作为被评估农业知识产权作价的基础，能够反映出企业经营的目的和高质高价的市场价格形成机制的特点。收益法关注于农业知识产权的未来收益和货币的时间价值，能够真实准确的反映农业知识产权资本化价格，而且与投资决策相结合，易为买卖双方所接受。在实际应用中，收益法及延伸的超额收益法和收益分成法应用较多。

3.3 农业专利评估

3.3.1 影响农业专利评估的因素

专利技术是指单项专利或者系列专利技术群。农业领域的专利技术主要是农产品及其辅助产品的生产方法和技术，如"×××快速繁殖方法""×××的制备技术""×××工艺流程技术"等。

农业类专利技术成果的价值评估侧重于技术水平、成熟程度、市场情况及经济效益。技术水平是指该专利的技术含量，在同类专利中是否具有较高的技术水平，核心创新点是否比较先进，在市场中是否具有一定的竞争力，是否已经纳入行业或产品标准中。成熟程度是指利用该专利技术是否可大批量地生产出相关产品，产品的应用能力如何，产品的质量是否稳定、可靠。市场情况是指在该专利技术的指导下生产的产品是否能满足市场需求，需求量是否大，市场前景是否好。经济效益是指该专利的投资回报率是否高，预期获利能力是否强，效益是否显著。如发明专利"×××制备方法"，将某些技术应用于×××生产，改变了传统的技术，提升了我国该产业的技术水平，并且由于该技术成熟、效果稳定，已在多家公司实施，制备出的高品质产品投放在市场上，取得良好反响，并获得显著的经济效益。除此之外，农业高校对该专利的其他同族专利或专利群的保护程度，以及技术受让方对专利技术的后续改进等也是影响其价值评估的因素之一。

3.3.2 专利评估方法

我国的农业专利技术通常采用成本法、收益法、市场法。如何选择这三种方法，必须根据农业专利技术的适用前提条件和评估时的具体情况来决定。在评价工作实践中，应该注意以下三个问题。

问题一，农业技术尚处于开发阶段，无法确定是否能达到最终的发明目的，无法评价。

问题二，农业技术处于开发、试验阶段，总体技术开发尚未完成，可预见其技术所取得的成果，但未来市场参数、财务参数、投资参数不确定性较大的，不应采用收益法进行评价。

问题三，农业技术的发明与开发成本无关，重要的是发明思想，不应该采用成本法进行评价。

专利评价模型现在可以采用收益法和成本法。具体使用的模型有超收益模型、提高收益模型、成本模型和成本加法模型。在具体选择评估模式时需要考虑到当前该项目的经济环境和实际期望的经济参数限于评估模型的选择形成，实际操作基于所评估的技术专利的具体情况和所提供的具体条件必须通过调查研究来选择适当的评价模型。

在通常的三个评价方法中，从评价方法论的角度分析，成本法和市场法属于演绎方法。成本法是对专利资产本身的现在以及过去的技术经济资料进行评价。市场法是使用与专利技术估价相似技术的现行技术经济资料，总结技术的评价价值来进行推断。收益法是分析方法是对技术将来的使用状况进行评价，进行经济分析，然后决定技术的评价价值。对于资产特性比较简单，重视技术的实际利用可能性（市场承认的技术），使用演绎法是恰当的。对于技术特性复杂、强调资产未来使用效果的资产，应采用分析方法。从实际角度来看，技术开发的成本一般很难计算，但是国内的技术交易市场也不成熟，所以很难采用成本法和市场法来评价专利技术。因此，在评价专利技术时会选择收益法。

3.4　植物新品种权的价值评估

3.4.1　影响植物新品种权评估的因素

3.4.1.1　植物新品种权本身的特殊性

植物新品种是指经过人工培育的或者对发现的野生植物加以开发，具备新颖性、特异性、一致性、稳定性，并有适当命名的植物品种。完成育种的单位和个人对其授权的品种，享有排他的独占权，即拥有植物新品种权。植物新品种权相比于技术类、软科学类等的农业科技成果，其载体植物新品种本身具有很强的特殊性，这种特殊性一定程度上增加了其价值评估过程的难度。

对于植物新品种来说，以下几方面需要考虑。

第一，植物新品种有很强的依赖性，即季节、地域、土壤等时间和空间的因素。南北方不同作物品种选育时，会由于温度、湿度、土壤酸碱度的不同，其性状表现会有较大差异，这就导致其价值会随之变化而难以评估。

第二，我们还要考虑品种的成熟度。就是指该品种是否已经规模化试种过，品种品质水平是否始终如测试中的一样稳定。

第三，考虑植物新品种的生命性特性。一个新品种从培育到审查通过，一般需要几年的时间。较长的成果周期，人力物力会持续投入。品种权的取得会需要较高的成本，因此植物新品种权的市场价值要求也会较高。

第四，考虑品种的研发难度。新品种的成功研发要涉及的学科领域较多，技术性很强，同时要考不同品种的配套技术是否全面、成熟、可控、可操作，其产业化的指标是否可以达到。

第五，还要考虑品种的经济社会效益。是指在目前的栽培技术下，该品种的优良特性是否是市场需求的，是否能增加农民的收入，以及是否能推动种植地区的经济发展。

3.4.1.2　资产因素的影响

一般资产价值的通用影响因素分为法律因素、技术因素、经济因素和风险因素。针对新品种权的价值评估，这些因素表现的更加复杂。

（1）法律因素

我国已为保护植物新品种权颁布了许多的法律法规，植物新品种权的转让交易依赖于相关的法律，在植物新品种申请成为品种权的过程中，不同的法律状态会对应不同的法律意义，对其品种权的价值也有不同的显著影响。但由于植物新品种权的特殊性，会造成法律在实施与执行过程中的一系列难题。

（2）技术因素

不同的品种其涉及领域较多，新品种的特殊性也决定了包含的技术不是单一的，且根据品种领域研发应用程度的不同、发展阶段的不同、市场需求的不同，其开发活跃以及研发技术均有所不同。综合考虑到这些因素，无疑增加价值评估的难度。对于特异性强的品种来说，技术难度一般较大，市场其他品种替代的可能性相对较小，具有一定的防御能力，但也要综合考虑其成本高低及配套的其他技术是否易于操作。不仅如此，还要考虑到该品种的适用范围和其特性表现，评估的价值标准是否统一，这些都增加了植物新品种的难度。

（3）经济因素层面

市场是植物新品种权交易的基础，影响市场供求关系的各项经济因素都会制约其价值评估的结果。一项植物新品种从培育到成功，较高的成本投入一定要有较高的回报，只有当交易价格弥补了成本时，才有可能进行再生产。但从国家植物新品种办公室的统计数据来看，品种权的主要申请者都是国内的科研单位和高校，而这些单位培育新品种的很大一部分经费来源于国家的财政拨款，甚至有一些大型的种业企业也能获得国家经费的大力支持，私人成本很低，所以这些科研人员在品种交易时，可能会不计算新品种的培育成本，因此实际发生的研发成本与真正投入的成本有所出入，这会在该品种权的价值评估时造成困难。收益因素方面，植物新品种的获益能力对其价值的评估会产生明显的影响。成果的超额收益是指其为投资使用者预期带来的超过非投资使用者的全部收益，也就是一项技术创造产生的总价值。这里的总价值仅指该项成果的市场发展的不成熟，导致植物新品种权的交易成功案例较少，这就致使交易信息不充分，品种的供需双方都很难利用市场实现理想的成果交易转化，交易价值也大打折扣。而且在采用市场法进行评估时由于缺乏相关成果案例作为参考，待估成果的交易价值也会难以确定。

（4）风险因素

新品种的特性在一定程度上影响价值评估的高价值，而新品种的形成时间较长，环境因素带来的风险难以把控。该新品种在市场的潜在替代品种、市场容量、竞争对手的数量及优势都会直接影响到该品种在市场的供求关系。这些风险都使得品种权的保护更加困难。品种的需求方在面对这些风险的情况下，权衡各方利弊，成果价值的评估也必定受到影响。

3.4.2　植物新品种权评估方法

植物新品种权往往具有唯一性，并且由于本身的特殊性和复杂性，市场上往往缺乏可以借鉴的交易案例。同时，植物品种的价值又具有很强的地域性，具有可比性交易的案例更是少之又少，加之交易信息又比较难获取，故市场法不适用于植物新品种权的价值评估。

植物新品种的转让或投资，都是以未来可获得的超额收益能力为基础的，因此收益法常作为植物新品种权价值评估的一个基本方法。但我国植物新品种权选育者及最终归属权主要集中在农业科研单位和农业院校，其育种经费主要都是国家以项目或是课题的形式专款投入，虽然前期开发成本与未来预期收益之间存在着不对称性，有可能新品种开发成本较低，但应用前景很好，能为其所有者持续不断地创造收益。反之，可能存在开发成本较高，但应用前景不大，为所有者创造的收益较少甚至有不能带来收益的情况。但考虑到育种者及育种单位前期的研发成本，可采用成本—收益法综合进行评估。

评估方法：$MP = Y + S \times P \times (1-T)$

其中，MP：植物新品种评估价值。Y：最低费用，即植物品种在现存状态下分摊的研发成本。S：各年的预期收益。P：植物新品种分成率。T：所得税率。

3.5　农产品地理标志价值评估

3.5.1　影响农产品地理标志评估的因素

3.5.1.1　农产品地理指标本身的特殊性

农产品地理标志是农业知识产权中极具代表性的知识产权之一。其概念核心是地理标志。作为知识产权其特殊性主要体现在以下几个方面。

（1）不具有个体独占性

知识产权一般都存在着产权主体，但地理标志是具有区域性特点的产品标志，不能由单个人注册。必须是由一定的组织、机构、比如该地区的行业协会、农业合作社等注册后作为权利人持有，要求是必须设立在该地理区域。

（2）具有不可转让性

知识产权作为一项权利是可以授权转让的，比如专利权、版权、植物新品种权等，但由于地理标志受到特定地域、自然或人文条件限制，具有极强的限定性，所以地理标志权不能转让，许可他人使用必须符合地理标志授予时所核准的区域、技术和质量等方面的条件，不能转让的特性使得地理标志知识产权的评估目的范围受到限制。

（3）没有时间限制

一般的知识产权都有特定的专利权、版权和商标权等。知识产权都有特定的时间约束，但是地理标志知识产权却没有时间限制，利益相关人可以根据自愿无限续展保护期限。

（4）存在不同权力之间的相互制约或影响

由于我国存在证明商标和集体注册、地理标志产品和农产品地理标志登记等3种不同的途径对地理标志提前规范和保护，而每一种途径都规定了其保护范围，也都认可权利人有使用地理标志的权利和禁止他人的某些使用行为的权利。在这种情况下，当地理标志商标权利人和地理标志产品或农产品地理标志权利人不是同一个主体时，由于地理标志权排他性特征，在同一个地理区域内，不同权利来源的主体在行使权力时必然受到其他权利来源主体的权利制约。这样，上述3种不同来源的权利之间就会产生冲突。

3.5.1.2　资产因素的影响

（1）法律因素

我国《中华人民共和国商标法》《中华人民共和国地理标志产品保护规定》和《中华人民共和国农产品地理标志保护规定》对地理标志设定了3个途径的保护，详细规范了注册、申请使用和规范制度。受到保护的农产品地理标志知识产权和未申请保护的，不同申请状态的，如申请中的、已获批，在评估时价值存在很大差别。另外在质量保证制度上，质量是否安全，防伪标志是否健全，产地是否可追溯这一系列检验检疫追溯管理制度对地理标志产品的价值评估有着极大的影响。

（2）技术因素

大部分地理标志农产品独有的特征主要是因为其处于的地理位置，有别于其他地理区域的气候、水文、土壤等特性。同时在申请地理标志时有关部门还会确认其治疗条件和技术标准，包括品种、土壤条件、栽培管理、采收和贮藏、质量特色。栽培管理又涉及苗木繁育、栽植密度、肥水管理、整形修剪等方面的技术指标，只有符合这些规定才能作为地理标志农产品而使用。不同的地理标志农产品其规范的技术指标标准不统一，致使价值评估的标准也会不同，评估难度加大。

（3）经济因素

一个知名的地理标志知识产权会带动区域经济的发展，对推进和提升某种地理标志农产品在原产地区的产业化，具有特别重要的意义和不可替代的作用。地理标志使用在农产品上，或是相关的下游商品上，不仅农产品和食品的销售在区域经济中占有较大比重，地理标志的声誉对相关产业也会有着很好的带动作用。企业可以利用这样一个受地理标志保护的产品为"题材"，利用这份"无形资产"，投入相关该产品的产业，或者其产业链中的某个环节，较快地获得市场回报。同时，地理标志产品专用标志或证明商标对地理标志在特定地域内的"共用性"（不为任何企业或个人专有），以及对特定地域外的"排他性"（本地域外不得使用，并且不可转移、交易），不但可以引导当地的企业对该地理标志保护产品产业进行投入，而且会吸引本地以外的企业进入当地投入该产品产业，这将有力地支持和推进本地区相关产品的产业化。这个区域带动发展的速度、规模、影响力都增加了价值评估的难度。

（4）风险因素

农产品的价格是取决于需求而不是供给，农产品的品质优势化为市场优势，用需求推高价格，直接影响地理标志的价值。同时，品牌效应也直接影响着农产品地理标志的知识产权价值，农产品地理标志可以看作是商品标识的一种，代表着产品的品质、声誉和生产者提供的保障。因此品牌价值在地理标志知识产权价值构成中占有重要的比重。而品牌是否在不同年龄层及消费类别人群中被熟知和接受、是否能与消费者建立牢固的忠诚度和信任度以及品牌在被市场认可的范围和时间都是价值评估的市场风险因素，维持市场秩序，打击假冒伪劣，维护产品声誉，可适当减小风险因素的影响。

3.5.2 农产品地理标志评估方法

在选择农产品地理标志的评估方法时，我们必须检查三种传统评估方法在农产品地理标志价值评估中的适应性。农产品地理标志知识产权价值的形成有两个主要阶段。一个是其价值形成过程，另一个是其价值确定过程。价值确定过程是指从认定到注册的整个过程，该过程的成本易于计算。但是，农业地理标志知识产权确认之前的形成是一个漫长的历史过程。例如，一些著名的历史品牌已经传承了数百年。这些历史过程无法还原，也无法重置。因此，采用成本法评估农业地理标志知识产权是不可取的。

市场法对农产品地理标志知识产权的评估不适用的原因有两个。一是农产品地理标志的知识产权与地理位置直接相关，是唯一的，市场上没有类似的参考；二是农业地理标志独特的地域性使得不可能具有交易行为，更不可能有一个活跃的交易市场，所以市场法是不可取的。

农产品地理标志知识产权的价值实质上是在市场上获得一种超额收益，收益法恰是计算未来收益的一种方法，所以收益法的应用与农产品地理标志知识产权价值本质相一致，因此可以采用收益法估算价值。

第4章
农业技术转移相关主体的作用

4.1 政府部门在农业技术转移中的作用

4.1.1 政府部门在技术转移中的作用

在社会主义市场经济条件下，中央和地方政府在我国技术转移中的作用，可归纳为政策指导、规范、服务、保障四个方面。

政府在技术转移中的指导作用，就是通过制定和实施发展规划和政策，引导和调控国家、地方、行业和企业的技术转移活动。

政府在进行经济和技术发展预测的基础上，制定技术发展规划，推广国家和地方的经济和成功案例，为地区、行业和企业的经济和技术发展提供指导性意见，从而对技术转移产生宏观指导作用。政府通过制定和实施产业政策，扶持有核实技术重点发展的产业。地方政府在中央政府产业政策的框架下，制定适合本地的先进性产业政策，并对主导产业、重点行业的产业和技术转移加以扶持。各经济区域内的省区还要注意协调各自的产业政策，达到区域资核实后没有灯源配置、产业结构和技术结构的合理化，以优于某一省区的区域整体实力，也就是吸引高级产业和技术的转移。政府通过制定和实施技术政策，指导行业和企业对劳动密集型、资源密集型、资本密集型和智力密集型技术进行选择，吸引和发展适于本地区社会经济状况和发展目标的先进适用技术，控制不适宜本地区或不利于本地区社会经济发展和生态环境的技术向区域内转移。政府通过财政信贷政策来体现和实现产业政策和技术政策。对重点发展的产业和优先发展的技术，政府在信贷上给予优先和优惠，在一定国家技术转移体系人才体系建设实务指导期内减免赋税，并投资改善相应的基础设施，从而加快这类产业和技术的转移速度。对控制发展的产业和技术，政府在信贷上加以控制，对相应的产品和产品的消费加重税收，从而抑制这类产业和技术的转移。对有实力的企业集团向海外投资和进行技术转移，政府在信贷、税收、外汇管理上提供优惠，以鼓励跨国经营。

政府在技术转移中的规范作用是通过建立和完善各种管理体制和法律体系，规范行业和企业的技术转移活动来实现的。

政府通过建立和完善市场经济体制来培育市场，以保证正常的竞争和市场秩序，防止或减少价格体系偏差、技术市场薄弱、不合理的行政干预等情况对技术转移造成的不利影响，并为国外投资和技术转移提供能与国际接轨的适合环境。完善法律体系，有效地保护知识产权，使技术转移得到有力的法律保护，这是国内专利技术转移和吸引国外资金、技术特别是高新技术必不可少的条件。建立和完善社会保障体系，解决科技人员在生活、就业、医疗、养老等问题上存在的后顾之忧，解决由于采用新技术生产效率提高后企业失业人员的安置问题，这些也是保证技术转移顺利进行的重要条件。改革现有的行政管理体制，消除地方保护主义、部门保护主义和政府对企业经济活动的不合理干预。改革现有的人事管理制度和户籍管理制度，加快科技人员的合理流动，有利于技术转移。进一步改革对企业的管理，把企业技术进步与企业的切身利益、企业领导的政绩挂钩，有利于调动企业进行技术转移的积极性。进一步改革教育体系，加大教育投入，克服高校教育中课程设置落后，重知识灌输轻能力培养，重专业教育轻通才教育的弊端，重视技术教育、职业教育和继续教育，为技术转移提供层次、专业和知识结构合理的科技人才。人才是引进技术的关键因素，因此需要进一步改革现有的科技管理体制，充分调动科技整人员进行开发研究和技术推广的积极性。

政府在技术转移中的服务功能如下。

政府对基础设施建设进行投资，改善交通通信、能源供应条件，为吸引外资和技术提供适合的硬环境。这方面华南地区各省区做了不少工作，效果明显。

政府部门通过市场调查和宏观市场预测，为企业引进技术提供技术选择、技术发展趋势和产品市场前景的咨询服务。这是目前的一个薄弱环节。

政府对省际、行业间、企业的经济技术合作和技术转移进行协调，这一点对经济区域的发展尤为重要。

政府在技术转移中的保障作用，就是为技术转移提供稳定的社会经济环境。

要吸引外资，特别是跨国公司的直接投资，引进国外的产业和技术，没有稳定的社会经济环境是难以成功的。这一点已被中国和东亚其他国家和地区的技术转移实践证明。

4.1.2 农业技术转移过程中政府部门的职能

4.1.2.1 政府职能

农业产业化主要通过龙头企业带动农户实现小农与大市场的对接，这中间企业行为起主导作用。因此，地方政府的职能主要体现在宏观调控政策上。围绕保护龙头企业和农民利益制定相关政策，突出企业的市场主导行为。根据当地实际情况，研究支持农业产业化发展的财税政策。研究有利于工业化发展的行政法规并逐步使之合法化，根据国家有关法律规范市场、企业和个人的行为，取消保护地方和部门利益的行政法规和文件。依法保留的有关行政法规的范围和内容应当简化、明确。探索和完善龙头企业与农户的利益联结机制，着力引导"订单农业"发展，规范订单农业相关市场行为。

4.1.2.2 协调职能

农业产业化涉及农业、商业、轻工、计划、金融、金融、工商、税务等部门。这种分割和部门壁垒的管理体制显然不符合农业生产、加工、销售一体化经营的要求，在一定程度上阻碍了农业产业化的发展。因此，政府应强化综合服务职能和协调职能，消除旧体制障碍，弱化部门壁垒和管理责任，打破行业界限和分割，按照农业产业化发展的要求，逐步走向一体化经营。政府各部门要密切配合，协调解决项目审批、工商登记、征地、产品购销、运输、税收等方面的问题。建立与市场经济相适应的审批机制，简化项目审批手续，形成简单、快捷、高效的工作程序。

4.1.2.3 调控职能

对于农业产业化，政府的调控职能包括金融、信贷、税收等。在财政方面，政府建立农业投资约束机制，规定财政农业支出增长比例，增加财政农业资金总量。研究财政资金支持农业产业化的具体内容和方式，调动各方资金支持产业化发展，形成多元化的投资体系。在信贷方面，政府主要支持优质产业，通过信贷资金倾斜促进农业结构和产业内部结构调整。在税收方面，政府研究制定税收优惠政策，减轻龙头企业负担，对非公有制龙头企业和内资外资企业一视同仁，平等纳税，实行国民待遇。

4.1.2.4 检查监督服务职能

建立一套规章制度，形成服务型管理，是政府职能的重大转变。政府通过建立完善的质量标准、检验检测体系和信息系统为企业和公众服务。质量技术标准由国家制定，地方政府按照国家标准对企业和产品进行检验监督。引导龙头企业落实国家农产品质量标准，鼓励和引导龙头企业带动基地实施标准化生产。加强执法力度，定期对龙头企业产品进行抽检，限期整改不合格企业，防止不规范生产和不合格产品流入市场，保护消费者利益。

4.1.3 政府部门推动农业技术转移的典型工作——科技计划成果"进园入县"行动

园区和县域作为农业科技创新的主战场，在建设科技强国、推进乡村振兴、促进共同富裕等方面发挥着巨大作用。当前我国已进入新发展阶段，需要更加重视园区和县域创新驱动发展，让科技创新更好成为引领园区和县域高质量发展的第一动力。但在我国园区和县域创新发展过程中，存在着区域发展差异大、基层科技投入少、产业结构不合理、科研转化路径少等问题。造成这些问题最重要的原因就是科技、人才、平台、金融等创新要素分散，开放协同薄弱，归纳起来就是产学研用对接难、项目基地平台人才融合难、协同创新跨界难和社会资本资源进入难等"四大难题"。

为进一步解决上述"四大难题"，科技部农村中心围绕国家农高区、国家农业科技园区、国家创新型县（市）、国家乡村振兴重点帮扶县和科技部定点帮扶县对农业科技创新成果的迫切需求，与相关科研单位、各级科技管理部门、金融机构共同谋划实施科技计划成果"进园入县"行动，旨在把成熟度高、可转化的科技成果及时送进园区、县域，推动形成科技成果有效供给、创新主体协同互动、创新人才加速下沉、创新要素有效集聚的良好局面。

农村中心按照"系统化设计、体系化推进"要求，研究制定了《科技计划成果"进园入县"行动工作方案（2021—2025年）》和《科技计划成果"进园入县"行动支持国家乡村振兴重点帮扶县科技特派团工作方案（2022—2024）》，明确开展分类梳理创新成果、深入挖掘基层需求、搭建高效服务平台、积极开展对接活动、做好配套服务保障、强化科技金融支撑、助力培育创新主体、提升科技帮扶效能、构建成果转化机制、建设行动标准体系等10大重点工作。2022年4月，农村中心以线上线下结合的方式在北京举办科技计划成果"进园入县"行动启动会，发布首批1 500项科技计划成果目录和700项重点帮扶县产业需求成果目录。同年6月，印发《关于深入开展科技计划成果"进园入县"行动的通知》至各省级科技管理部门和相关单位。

各省积极响应"进园入县"行动，开展相关拓展活动。陕西召开杨凌专场对接活动，以农业科技金融为主题，为杨凌农高区授牌了全国首家"农业科技金融服务试点"，促成农业科技成果交易、融资签约等合作，合作总金额8.42亿元；辽宁举办专场对接会，发布188项有关高校、科研院所科技成果和149项企业技术需求，食品、生物等领域10余项农业科技成果成功签约，20项农业科技成果进行路演推介；广东开展农业科技社会化服务成果集成示范项目征集工作，每个项目支持100万元，推动科技成果落地转化和推广示范；江苏积极推动建设成果转化交易中心及信息平台；宁夏将"进园入县"行动列入部省会商议题；湖北以"进园入县"行动为契机，召开全省万名科技特派员服务乡村振兴行动启动会；广西下发《关于开展农业科技成果下乡转化活动的通知》，积极落实"进园入县"行动启动会精神，深入推进科技强农工程。

整体来看，科技计划成果"进园入县"行动充分体现了政府部门的顶层设计和统筹谋划作用，通过建立政府部门、科研院所、园区县域、企业主体、研发人员和金融机构等单位之间的常态化沟通对接渠道，充分发挥园区和县域产业发展的"出题者"和"检验者"作用，引导项目承担单位和科研人员与园区县域耦合互动、协同发展，提升了科技成果支撑农业产业提档升级能力，助力了科技与产业深度融合，有力推动我国高水平农业科技自立自强。

4.2 高校、科研机构在农业技术转移中的作用

科学技术是第一生产力，必须通过科技成果转化这一环节才能实现。高校具有人才培养（传授知识）、科学研究（创造知识）、社会服务（应用知识）三种功能，这三种功能都是通过对知识点不同运作方式来实现的。大学与技术创新、知识产权紧密联系在一起，大学知识产权管理和技术创新，必将继续推动人类科技进步与经济发展。

4.2.1 高校、科研机构在技术转移中的作用

高等学校是国家基础研究的主力军，是高新技术（开发）研究的生力军。高校技术转移是一项复杂的社会系统工程，涉及方方面面，是国家技术创新体系的重要组成部分。近些年来，高校在多种形式的联合共建和"211工程"建设的支持下，形成了一支稳定的、结构合理的、有较高学术水平的高校技术创新队伍。

（1）高校技术转移的优势和特点

学术氛围轻松。学术氛围浓厚，文化氛围自由，原始创新性的基础研究实力雄厚，非常适合从事技术开发研究。

学科综合齐全。高校各科学科兼而有之，多学科结合，互相交叉渗透，容易产生新的研究方向，孕育更加完善的创新成果。

年轻人才不断。不仅有一支相对稳定的高水平科技队伍，还有不断的大批研究生和高年级本科生参与科技创新，科学思想活跃。

教学科研结合。高校既是人才培养的摇篮，又是科技创新的源头。高校可以在科技创新的过程中产生优秀人才，在培养人才的过程中创新成果。

信息通畅灵便。高校作为学术单位不仅与国内外交流频繁，而且有大量校友遍布国内外社会各界，有着得天独厚的获取信息及国际合作交流的便利条件。提高科学技术转移能力已成为我国科技实力较强的高校，尤其是研究型高校的重点发展目标。全国高校要承担起推动我国科学技术创新的重任，逐步完善社会服务、人才培养、科学研究的研究型大学三大功能。

（2）技术转移对高校自身的作用和功能

除传统的教学和科学研究职能外，高等学校还承担着利用其知识、技术和成果为社会服务的第三职能。从大学的角度来看，作为技术提供者，大学与企业之间的组织互动程度和模式直接影响着技术转移过程的进展。

同时，由于学校只提供技术成果，后续的技术应用和市场推广都是企业的责任，因此学校开发的技术可能无法满足市场需求，导致技术转让失败。所以高校参与技术转移的时间越长，高校在技术转移中可以选择的技术转移模式越多，也越灵活，更能有效地促进技术转移的顺利实现。而高校技术转移的顺利实现是高校发展的新增长点和新机遇。它不仅是研究型大学的重要属性，也是高校获得国家、公众和企业认可的关键因素。它对高校的发展起着重要的作用。

高校理论研究和重大课题研究的阶段性成果，可以通过高校技术转移实现部分适用性，获得一定的经济效益。通过分享利益，它可以鼓励研究人员对阶段性课题进行深入研究，并进行后续研究和开发。此外，应用技术和应用研究成果也为重大项目的研究提供了强有力的支持。在应用研究中，发现理论在现实中存在的问题，然后研究解决问题，进而推动实践研究的深入。

无论在国内还是国外，具有自主开发能力和研究机构的公司往往是资金雄厚、规模庞大的大公司，而其他公司的技术来源基本上依赖于技术转让。高新技术层出不穷，转化为现实生产力的速度不断加快，使得企业的竞争集中在技术和市场两个竞争领域。最具竞争力的技术，即企业有自己的核心

技术，是一切竞争力的前提和基础。社会和市场需求的无限延伸实际上为大学技术转让提供了广阔的商业市场。大学技术转移有助于提高科研效益，扩大大学影响力。积极主动地介入这一市场，可以扩大学校在社会、公众和国内外的影响力，为学校及其科研人员带来经济效益和良好声誉。

高校通过技术转移增强科研实力，促进教学全面发展。明确学科发展方向，掌握技术实时动态，了解市场实际需求。提供优秀的本科生、硕士生、博士生参加科研开发的机会，通过创业实践提高学生的科研能力和创新能力，为他们顺利进入社会打下坚实的基础。这将为教学的全面发展提供有力的支持。

高校科研技术成果的转移，不仅可以实现技术的价值，而且可以促进高校科研及相关工作的开展，调动科研人员和教师的创新积极性和研发力量，生产更多更好的先进技术以适应市场，提高高校的综合实力。

4.2.2　高校科研机构的农业技术转移模式

在高校的技术转移过程中，按照高校与企业在技术转移过程的参与程度不同，将技术转移模式粗略地分为三种：内向型、外向型、合作型。

（1）内向型

在这种技术转移模式下，技术转移的三个阶段均由高校完成，表现为高校衍生企业应用技术直接创造效益。按照比较宽泛含义的界定，是指由高校投资兴办或持股比例为第一大股东的企业，包括以高校的科技成果投入的生产制造型企业和以高校的智力投入的服务机构或服务性的企业。

（2）外向型

在这种技术转移模式下，技术转移一个阶段，即实验室阶段由高校独立完成，而产品化和商业化是产业来实现。具体表现为高校将自己的研发成果通过技术市场直接转移业，技术的供需方是一种交易关系。就国际上这种形式实践来看，多为专利转让。从我国目前的情况看，通过这种方式转移和扩散的下增多，但其转移效果并不是特别显著。

（3）合作型

在这种技术转移模式下，技术转移两个阶段由高校和企业合作完成，最后商品化阶段由企业独立完成这种合作方式受到企业和高校的欢迎。在这种合作模式下，双方从技术发阶段交流切磋、合作研究，共同完成技术开发和生产过程。有时甚至建立长期合作关系，如建立联合技术开发中心、研究所等，更为直接的则是双方共同组建企业。

这三种模式在实际中各有其表现形式，具体细化，可以总结出以下的高校技术转移模式。

模式一，专利许可型。特征是技术专利以许可的形式转让给企业，企业投入资金、设备、场地等，与高校中的科研人员合作，在此成果的基础上开发出实用产品，并成为企业的主营业务，实现科研成果的转化。

以这种模式建立企业的优点在于，社会上已有企业往往已经积累了较为丰富的经营管理经验，而高校的技术成果又使新的产品具有独特的技术优势，若这两者相结合，往往能使新生企业顺利地生存下去并得到较好的成长。

这种模式存在的主要问题如下。

第一，技术专利许可的形式决定了高校和企业的合作方式是短期合作，研究人员没有进入企业，或只是浅层介入后续技术开发，致使企业难以对产品进一步创新，从而限制了企业的持续发展。

第二，技术专利的作价由于没有一定的标准，是校企合作中争议的焦点，这往往会造成合作双方的分歧，进而影响校企合作的进一步深入和持续的发展。

模式二，知识产权入股型。特征是组建新的科技型企业，以高校单项科技成果及相关的知识产权为基础，以参与研究开发的关键人员为骨干，与社会上已有的企业合作，实现成果的转化。近年来，高校很大一部分企业是以技术入股的形式参与创办起来的。相比专利许可型，这种模式有利于校企双方相互沟通，发挥合作双方的技术和经营管理优势，使学校和企业的合作关系更加紧密。

这种模式存在的主要问题如下。

第一，技术成果仅仅作为股权作价入股到新办企业中，但相关的技术骨干人员并未进入企业，或没有较深地介入企业的后续技术开发中，新办企业往往在技术和产品的后续运作活动中出现问题。从我们所了解的情况看，高校的技术骨干介入企业的技术开发和经营运作越深，该类问题就越少，因此，创办该类企业，相关的技术骨干应尽可能介入新办企业的开发和运作过程中。

第二，合作企业对入股技术成果的相关知识了解较少。由于技术成果的垄断性和对未来市场的不同判断，技术股权的作价评估往往成为合作双方发生争议的焦点。解决的方法是，合作企业应是该技术领域或相关技术领域的经营者，他们应具备相关的技术知识，这样有利于双方达成共识。

模式三，"带土移植"型。特征是以高校具有实力的主骨干公司作为平台，将学校的专利或专有技术、参与研发的骨干技术人员以及组成的研究开发群体，连同相关设备仪器等，整体移植到公司内，与公司分离出的相关资产一起组建新的经济实体。

高校将自己定位为一个孵化器，它不仅能够将学校的一些创新成果尤其是高技术成果迅速地转化为现实的生产力，而且能够充当高校科技成果向社会企业转移的接口。同时可以从高校已有的科技成果中发现、筛选能和市场结合得较好有良好市场前景的项目，将通过募股所获得的和在资本市场上通过配股所筹集的部分资金注入创新小组来启动孵化项目，进行拟风险投资的运作二次开发并孵化成新的产品或者新的企业，而这些新的产品、新的企业既可以充实到自身的产业领域，也可以通过各种有效的方式如技术转让、企业并购等转移到社会上去。

"带土移植"模式是一种较好的模式，它既能使原有项目组的技术优势得以充分发挥，又能充分利用高校骨干企业较强的市场和资本运作能力，这样产生出来的新企业一般都能很快解决生存问题。

这一模式的局限性在于，由于高校的研究领域非常广泛，而高校的产业只是在某些领域的运作能力较强，并且取得研究成果的教授们和研究开发小组并不是都想进入企业之中，因此，该种模式的适用范围相当有限。

模式四，改制型。利用股份制改造工程研究中心（ERC），进行企业化运作，进而衍生出新的科技型企业。工程研究中心是一种新型的科技开发实体，其宗旨是将有市场价值的重要应用科技成果进行后续的工程化研究和技术组装，从而开发出有较大经济规模的共性技术和主导产品。

从现实情况看，ERC运行中有以下一些问题，如过分依赖大学、与企业的接触仅仅停留在点接触、资金来源渠道单一、运行机制不健全等。为了解决以上的问题，各所大学先后对校内工程研究中心进行了股份制改造，其目的是建成以研发、中试生产、人才培养三位一体的新型科技开发和经济运作实体。

模式五，嫁接型。这种模式的特点是选择合适的国有中小型企业，在进行吸收兼并、资产重组、技术改造的同时，找到技术的切合点，在国有企业的生产管理能力、职工队伍、厂房设备的基础上，注入高校人才、技术及融资能力，既盘活了国有企业的生产性资源，又形成新的高新技术企业。

模式六，学生创业型。这种模式的特点是以学生创业大赛为契机，对具有迫切创业的冲动又点有某种创业特长的学生，采取休学创业等方式组建学生公司，将有良好方场前景的科技成果自行转化。学生公司可以入驻科技企业孵化器进行孵，孵化器为其提供基本商务服务、服务增值服务和融资咨询服务等。这种类型的科技成果的知识产权大多归属于学生个人（发明人）。

这种类型是随着近两年的学生创业计划大赛应运而生的，创业大赛在人才体系建设实务指导大学校园里引发了一股创业的热浪，学生们不再满足于做单纯的技术人员把自己的科技成果直接转让给企业，而是更渴望自己主宰自己的命运—融资、办公司、自主经营开发。通过创业大赛，一些在校学生通过停学创业或在读兼职，自愿合伙注册高新技术企业，将自己的科研成果转化为实际的生力。

模式七，创办企业模式。通过创办企业来转化科技成果，这一模式的优点是比较明显的，可以从以下几个方面得到证明。

第一，科技成果转化迅速，所耗时间短。高校本身就是科技成果的创造者，是第一知情人，对科技成果的了解要比企业更清楚得多，因此，在科技成果鉴定的转化过程中，行动也会比较快。

第二，能为科技成果转化提供足够的技术支持。有些技术含量非常高的科技成果，它和社会、企业现有技术水平之间的落差比较大，社会一时难以承受。相对而言，高校拥有尖端的科技设备和雄厚的科研实力，有能力解决生产过程中的技术问题。并且，如果由高校转化科技成果，就会有很多参与科技成果创造的人也加入到技术转移过程中，因而可以为科技成果的转化提供更多的背景资料和可以衔接的知识，加大科技成果转化成功的可能性。

第三，有利于科研成果的后续开发。由于高校本身的科研力量比较强大，如果科技成果的转化在高校人力资源系统内进行，有可能进行再次开发，开发成功的可能性也较大。而且，如果科研产品的开发、转化和再开发都在同一组织系统内进行，科研人员和生产人员之间的交流相对密切人员之间的利益相互协同，各方面的人员就更有可能相互合作，从而有利于产品的再开发。

第四，高校自己创办科技产业，拉近了高校科研活动与市场的距离，对高校的科研活动能起到一定的示范和激励作用。

高校自办企业模式造就了一批成功的校办企业，但这一模式在推广过程中却并没有取得预想中的普遍成功，因此我们就不得不探寻这一模式所存在的缺陷和不足。

第一，资金问题。高科技产业发展的瓶颈始终是资金短缺项技术能否转化为产品关键在中试阶段，中试阶段需要很多资金，且风险很大，这时候银行和风险投资一般不愿介入。高校本身办学经费就比较有限，仅凭高校有限的资金，难以支撑起高科技产业的迅速发展。

第二，管理问题。校办企业所存在的管理问题很多，有人认为，正是管理上的缺陷造成了高校科技产业的先天不足：高校与校办企业的关系就类似国家与国有企业的关系，大家熟悉的在国有企业里存在的问题在校办企业里都有所反映。

第三，高校角色定位问题。高校办企业的初衷是增加学校收入以利于优化教学、科研环境，但这一目标达成的前提是所创办的企业能够成功。但市场总存在着风险，高科技产业的风险更大。如果企业运作不成功，投资收不回来则会拖垮学校。此外，如果大学直接为利润过分操心，将会对教学与科研产生某些误导作用，这种短期行为将可能影响原始科研成果的产生。

模式八，建立科技园区。当创办企业这一模式难以胜任转化科技成果的使命时，人们试图寻找其他方式，从国外引进来创办科技园就被作为利用市场力量转化科技成果的成功模式，并且在中国的土地上普遍开花。

我国现共有已经建成或正在建的大学科技园100多个。从形式上看，目前已建立起来的科技园大致可分为三类：一是高校依托自己力量独立创办，二是几所高校联合创办，三是高校与政府联办。尽管各种类型之间存在着一定的差异，但与创办企业模式相比，它们都具有以下共同特点。

功能定位上，其核心功能是孵化而非直接运作高科技企业。大学科技园是孵化器，大学科技园的重点是把注意力集中于技术研究与成果转化，并不是完全追求产业化、商业化。大学科技园联结着高校、社会和政府，通过为高科技企业的成长和发展提供多功能平台来促进科技成果转化。

简单地说，大学科技园的价值就在于通过提供科技园的管理服务，使高校的科技成果和高素质人才、社会和市场上的资金力量以及政府的政策支持这三方面因素得以优化组合起来。

4.3 农业技术转移对企业的作用

在技术转移领域，企业一般是接受方。当前，我国企业普遍都面临着创新能力薄弱、科技水平与研发能力不足等一系列问题，尤其是中小型企业。这些中小型企业要生存发展，必须要依靠从企业以外引进技术，并在吸收后再创新。只有如此才能不断地推进企业科技发展，增强企业的竞争力。在实际的经济生活中，大多数企业也是更愿意采用技术转移创新模式，事实上企业更多的是从实际出发，通过技术转移来实现技术升级，并在吸收转化后再创新，这样能用较短的时间提升竞争力，而且对于企业来说风险较小，较为经济。

4.3.1　技术转移对企业的作用

技术转移对企业的作用即对企业生存与发展，必然依靠其自身技术的不断进步。技术进步，泛指技术的各个构成因素及其结合方式的变化，这种变化能够导致生产能力的提高。技术的进步，不仅指生产工艺上的进步，还包括生产设施、生产方法、生产程序和新的产品等。技术进步的直接后果表现为产量增加或成本的产出，或者定量的产出只需要更少的投入。企业技术进步的实质就是使资源利用和资源配置的效率明显得到减少。即一定量的投入能生产提高。综合起来说，企业技术转移的作用主要表现在以下几个方面。

（1）提高企业技术水平，增强自主创新能力

企业所转移进的技术，基本上都是优于现有技术的较先进技术，技术要求较高。因而要掌握这些技术，并将其运用到生产实践中，就需要有能够掌握先进技术的技术人员和管理人员，有能够操作先进技术的熟练技术工人。为了能掌握和管理引进的技术，企业必然要面向技术及生产人员开展培训等活动提高技术能力。通过这些技术强化，企业技术水平就从基础上被加强。企业技术水平的提升，又为企业实现自主创新增强了内在动力。

（2）实现跨越式技术进步和技术升级换代

跨越式技术进步，指企业吸收和采用新兴科学技术的成果，使其能跳过传统的某些发展阶段，直接建立在新技术的基础上。如意大利的制鞋业，直接在手工生产的基础上引入信息技术，提升到信息化生产。或者根据需要与可能，利用新技术革命的成果，建立和发展新的生产方式，缩短与先进企业的距离，实现技术的升级换代。在企业的技术利用和发展中，引进并利用新技术改造传统的生产和管理方式，选择优势产品，以逐步形成合理的产品结构，并以产品结构的合理化推进技术结构的合理化。

（3）培育企业新增长点

通过技术转移，企业可以利用新技术和管理手段，首先是改造现有的技术设备、生产过程、设计、销售及管理技术，进一步优化产品结构，增强竞争力。其次是发现和培育在引进新技术后出现的新产品。特别是经过消化吸收再创新后的新产品，都带有未来市场的潜在性特征，可以被视为企业发展的新增长点。

4.3.2　企业中的农业技术转移模式

技术的活动都不是孤立存在的，也不是无缘无故发生的。所以，任何技术转移活动都存在诱发因素。从企业技术转移涉及的各方面来看，能诱发技术转移活动发生的因素主要有技术、市场、政府等。对现行的中小型企业技术转移状况进行分析，结合技术创新理论及中小型企业技术创新机制的"轮式模型"，以中小型企业技术转移过程的主导诱发因素为划分依据，现行的中小型企业技术转移模式可划分为四种模式：技术需求推动的技术转移模式、市场需求拉动的技术转移模式、政府推动的技术转移模式、多因素作用的技术转移模式。

技术需求推动的技术转移模式，是由于企业技术需求而导致的转移技术的方式。这种模式是技术含量较高的中小型企业经常采用的模式，表现了企业对新技术的积极追求。市场需求拉动的技术转移模式，主要是由市场蓬勃的需求，激发企业对高额利润的渴望所引发的技术转移方式。该模式是中小

型企业技术转移过程中最常见的模式，反映了企业因需求被动地追求新技术。政府推动的技术转移模式，在中小型企业社会化和集群化发展过程中出现较多，主导诱因是政府，突出了政府对企业一体化过程中的政策要求。这个模式在中小型企业引进诸如环保、节能等公益性技术时出现最多。多因素作用的技术转移模式，技术转移是系统过程，在实际的经济生活中，众多的技术转移活动是各种复杂的因素诱发的，比如企业家的灵感等，是不能被归结为具体类型的，具有一定的偶然性。这类情况在小型企业技术转移中多有出现。

从技术转移诱发因素出发，对技术转移模式进行划分，是判别技术转移性质和类型的一种有效办法。厘清技术转移模式，就能更好地研究技术转移系统和作用机制，进而提高技术转移效率。

4.3.2.1 技术需求推动的技术转移模式

技术需求是技术转移的最直接诱因，也是技术引进的最直接动力。如果没有企业的技术需求，就不可能引起技术转移活动。因此，技术需求推动的技术引进模式就是以技术需求为起点的一系列线性过程。

技术需求推动的技术转移全过程：首先起于技术需求，只有企业产生对技术的需求，才可能引发技术转移。但不是所有的技术需求都能引发技术转移，有些技术需求，企业可以通过自己的技术力量来开发满足。技术寻求，是在企业产生技术需求以后，为了满足企业技术需求而展开的对企业以外技术的搜索、分析及信息交流等活动。在技术转移整个环节中，技术寻求是比较关键的一步，其中涉及对外部技术信息的收集、整理、判断和决策。技术成果，主要是熟化程度较高的技术。只有这些熟化程度较高的技术，才能被实际的生产所运用，而且企业引进这些技术后不需要花费太多资本和时间就能实现生产。技术成果，是技术转移的物质基础，如果没有技术成果，有技术需求也是不能实现技术转移的。

所以，技术成果是企业与研发机构沟通的纽带。企业有技术需求，存在熟化的技术成果，经过技术寻求实现企业与研发机构的沟通，就进入技术引入阶段。企业的技术引入，不是简单购买技术，而是通过各方面的考量选择合适的方式引入技术。比如，有时候是购买专利、有时候购买设备兼人员培训等方式。技术引入，不是最终的目的，而是企业技术进步的手段之一，引入的技术，必须为企业所吸收和再创新，才能构成整个企业技术引进的有机过程。简单地引入技术，并不能称为有机的技术引入过程，只有在技术引入后，吸收利用再创新，才能称之为技术引进的完成。对于中小型企业来说，技术推动的技术转移模式，是与技术推动的技术创新紧密联系的。引进的先进技术，只是属于企业以外企业中，就需要充分吸收和再创新。中小型企业存在的技术推动的技术转移真正地运用到自己的转移模式在现实中的表现可以从以下案例中分析得出。

根据经济学的需求定义，结合技术的特征，给出以下的技术需求的定义。

技术需求指在一定时期内，系统上实现经济、科技、社会发展的某种特定目标，对技术（包括物质形态和知识形态）提出的获取欲望和要求。技术需求主要表现为以下5点。

技术需求同样也是购买欲望与支付能力的统一。即系统为实现其特殊的经济、科技、社会发展目标，不但要对所需要的技术有购买的欲望，而且要有购买的能力，否则都不能成为实际的技术需求，也无法实现系统的特定目标。

由于技术具有知识形态的存在性、转让的多次性以及转让方式的可选择性等特点，使得技术需求的价格并不单一地受到转让次数的影响。

技术生产的单一性、创造性和风险性，导致影响技术需求的因素复杂，包括所需求技术自身的特殊性、技术的价格、技术供给方所提供的技术服务、技术需求方的资金筹措和支付能力、技术消化吸收能力、管理水平，以及其所处的经济社会政治环境等。

技术需求产生于系统在其发展过程中对技术使用功能的需求即通过对技术功能的使用，可以实现其经济、科技和社会发展的某种特定目标，而且技术需求不服从于一般商品的需求法则—需求曲线向下倾斜规律。

技术需求不仅仅是购买欲望与支付能力的统一，而是购买欲望、支付能力与消化吸收能力的统一；同时，技术需求不仅可以通过技术贸易的途径来谋求解决，而且由于技术的溢出效应，还可以通过市场信息、产品信息、学习模仿等途径来获得技术，以模仿为例，如 Mansfield 等人的实证研究表明，模仿者能为技术商品的需求方大约节省 35%的成本。

4.3.2.2 市场需求拉动的技术转移模式

1979 年，日本学者斋藤优在其专著《技术转移论》中提出 NR 理论，即需求关系论。为满足需求，就需要相应的资源（包括技术、资本、劳动力、土地和其他自然资源），当资源供应充分，需求能得到满足时，NR 关系就不会存在问题。当资源不足以满足需求时，NR 关系就会出现问题。为满足需求，或采用其他资源，或改变使用资源的比例，而这一切又是由所使用的技术决定的。所以，NR 关系的不适应，在一定意义上正是技术与需求的不相适应。

进行技术创新，促进技术进步，可以使原有的资源得到更充分的利用或更充足的供应，可以用较丰裕的资源替代较稀缺的资源，甚至可以创造、开发新的资源来替代原有资源，使资源与需求在新的基础上达到相互适应。这种使资源适应需求的一条途径就是技术转移。

4.3.2.3 政府推动的技术转移模式

技术转移过程中，研发机构、企业及技术都是有机整体中的不可分割那分。而政府，是技术转移中的重要的外部环境因素。

政府一般有以下两种推动模式。

一是政府计划推广模式。这种技术转移模式是政府通过技术的指令或指导，运用强有力的政策或其他经济手段和行政手段，对某项技术创新的扩散给予推动，从而达到该项技术引进在地区范围内扩散的目的。政府计划推动模式的技术转移对象是一些直接对社会环境产生影响，或对全社会范围内经济效益和文化等产生重大影响，而对企业在近期无显著效益的技术转移。

二是政府扶持与市场作用综合模式。政府扶持是指政府通过各种优惠政策为技术引进的采用者创造条件，从而鼓励企业采用新技术。市场作用是指企业由于追求利润最大化或由于市场竞争的压力，才有产生新技术的要求和愿望。政府扶持与市场综合作用模式是政府鼓励与企业自发要求两者的行为结合起来，使企业技术引进创新得以实现。与政府计划推广模式相比较，政府扶持与市场作用综合模式中政府的作用并不是通过直接下达计划任务，或通过法规、命令等行政手段进行强行干预，而是通过政府提供部分资金，给予企业在国内税收和关税等方面的优惠，提供必要的信息、咨询、指导等服务达到扶持的目的。技术引进创新的主体企业有很大的自主权，同时在技术引进创新中仍服从市场经济规律的作用。

因此政府并不直接参与技术环节，而是利用政策和法规，通过定规划、财税政策等方法影响企业技术转移。政府推动的技术转移，一般是从地区的整体利益出发，作出的战略性部署。

政府推动的技术转移模式，首先是政府从全局高度制定促进企业技术转移的政策或法规，然后企业做出相应的技术引进回应。政府有推动的技术引进转移，企业仍然是技术引进转移的主体，政府通过政策来促进企业获得的目标技术，大部分都是技术市场上存在的。有些不存在的技术，很有可能就是政府带领企业和科研院所来联合研究开发。在中小型企业的技术转移案例中，政府推动的技术转移模式也不少。大多数县域范围内的中小型企业技术水平不高，存在能耗高、排污大等问题，因此在当前国家极力提倡节能减排的背景下，地方政府出台了众多政策，促进企业技术的升级改造。在中小型企业进行密集的技术改造过程中，技术引进成为其技术改造的重要手段。

4.3.2.4 多因素推动的技术转移模式

技术转移机制中，研究机构、企业、市场、政府都是重要因素。所以，企业技术转移模式在技术需求推动的技术转移模式、市场需求拉动的技术转移模式及政府推动的技术转移模式以外，还有多因素推动的技术转移转化。所谓某一因素推动的技术转移模式，主要是讲技术转移的触发阶段，何种因素占了主导。因此，很多时候就会出现多种因素共同激发技术转移活动，即多因素推动的技术转移模式。

在这种模式中，技术、市场、政府及企业自身，可能共同作用来触发技术转移活动，也有可能是其中的两者或多者共同作用。这种模式不仅在中小型企业，在大多数企业中也是普遍存在的。

4.4 技术转移服务机构与农业技术转移

4.4.1 技术转移服务机构的作用

技术服务的"逆向选择"是技术市场中普遍存在的现象。这种现象是由于交易双方之间的信息不对称和市场价格的下跌造成的。劣质产品驱逐高质量产品，然后市场上交易的产品的平均质量下降。在技术市场中，技术购买者和销售者之间的信息不对称使得销售者有隐藏和掩饰信息的动机。甚至有可能将低价值技术"打包"成高价值技术，以获得高收入。技术的信息不对称及其高度的专业性特征使得技术购买者综合衡量技术产品价值的成本非常高。事实上，全面准确地衡量技术产品的价值是不可能的。此外，技术转让中的信息不对称会产生大量的交易成本。而由于技术的特殊性和知识含量高的特点，在技术转移过程中也会有大量的资源消耗，这会增加交易成本。

可以看出，在信息不对称的情况下，市场在很大程度上取决于产品质量和买卖双方商品评价的差异程度。因此，纠正逆向选择的出现，关键在于通过完善信息披露制度，降低交易各方之间的信息不对称程度，降低技术交易成本，提高社会资源配置效率，严格的市场准入制度和信息共享制度。技术服务机构作为技术提供者和接受者之间的桥梁和媒介，在降低信息不对称和技术转移成本方面发挥着越来越突出的作用。

在技术转让过程中，技术服务机构的参与将在技术供应商和技术供应商之间分担大量复杂的技术转让工作，使技术转让更加专业化和程序化，在很大程度上提高技术转让的效率。但是，应当指出，尽管有时技术提供者绕过服务机构直接从事技术转让活动，但与专业技术转让机构相比，其商业运作能力和经验相对不足。

4.4.2 技术转移服务机构的工作内容与流程

中技所是经国务院批准设立，由科技部、国家知识产权局和北京市人民政府联合共建的国家级技术交易服务机构。

中国技术交易所（以下简称"中技所"）是我国较有影响的技术转移服务机构。注册资金2.24亿元，注册地在中关村科技园区海淀园由北京产权交易所有限公司、北京高新技术创业服务中心、北京中海投资管理有限公司三家机构发起成立，中国科学院国有资产经营有限责任公司为第四家股东单位。

中技所的目标是打造技术与资本高效对接服务平台、促进科技成果产业化支撑平台、股权激励改革试点工作操作平台、促进技术成果转移转化综合服务平台，未来的业务将主要循着"技术、产权、交易"三个维度展开，即以科技资源整合中国最大最全的技术资源平台，以技术产权化推动技术要素的价值确定，以技术交易实现技术资源的流动和价值升值。中技所设立的组织机构有以下几个。

实务指导技术交易服务中心。充分依托高等院校、科研院所和高科技企业的科源，与国内外一大批知名的专业机构建立了合作关系，吸收国内外律师事务所、会计师事务所、资产评估公司、拍卖公司、相投标公司等专业服务机构作为合作伙伴，着力打造完整的技术转移产业服务链，为技术转移各参与方提供高效率、低成本的专业化服务。

知识产权服务中心。突出需求导向型服务，面向政府、科研院所、科区、企业、VCPE、天使投资人等客户提供三大业务：建设"知识产权站式服务平台，提供一站式服务、国际业务、挖掘投资需求"。

科技金融服务中心。面向科技企业，建立、完善技术项目评价体系充分发挥公共财政资金的杠杆和增信作用，吸引社会资本投资技术项目并提供配套服务。为政府部门选择资助项目提供咨询、评价服务；为科技企业融资、并购、重组、改制、上市提供专业服务；为知识产权质押担保提供创新科技金融服务；为地方政府和科技园区提供科技项目招商、融资服务；为公共财政科技投入形成的资产提供退出通道。

股权激励咨询服务中心。中技所是"中关村国家自主创新示范区股权激励试点专项工作组"成员单位之一。工作组办公室设在中技所"股权激励咨询服务中心"。服务中心在专项工作组指导下，为高等院校、科研院所、院所转制企业以及高新技术企业开展股权激励提供咨询服务，协助股权激励单位研究制订科学、合理的股权与分红激励方案，建立健全激励机制，充分调动科技人员的积极性和创造性，促进科技成果产业化。

技术合同登记服务中心。其将协同43号技术合同登记处充分利用中技所丰富的项目与投资人资源、市场服务网络、结算服务支撑体系等方面的综合优势，建立技术合同登记的前延后伸服务机制，为技术合同双方提供信息沟通及跟踪服务，为技术合同的实施提供融资、结算、并购等综合配套服务。

商标交易服务中心。中技所是国务院批准设立的国家级技术交易、商标交易服务机构。承担了《国家知识产权战略纲要》和《关于实施首都知识产权战略的意见》的社会责任，担负了企业商标的创造、运用、保护和管理能力建设，服务了中关村自主示范区建设和创新型国家建设。

会员服务部。在中技所平台上，会员单位可以极大地延伸其服务的内容和领域，促进业务发展。通过与中技所合作，会员单位不仅可以为其原有客户提供与技术交易相关的更加广泛、更深层次的服务，实现业务规模的现实增长，而且还能够获得大量的前端客户资源和信息，实现业务储备，奠定未来业务成长基础。

财务结算部。针对技术交易过程中存在的价款结算信用风险，为了保障交易双方的合法权益，中技所开设独立的结算账户，向交易双方提供安全、可靠的项目监管服务以及配套的交易价款结算服务。

技术交易服务中心的服务内容如下。

——技术交易相关咨询服务：包括技术咨询、政策咨询、市场咨询、法律咨询及交易咨询等。

——技术及技术产权项目评价服务。

——技术转让及技术许可服务。

——技术及技术产权交易相关资讯服务。

——能力交易服务。

与技术交易相关的其他服务增值功能如下。

——通过提供技术及技术产权权威评价来减少投资风险。

——通过高度市场化的运作和公开叫价、招投标、网络竞价等先进交易手段促成交易，保证交易各方的最大利益。

——通过设立交易资金结算账户和出具交易凭证，保证交易各方的安全和利益。

——一站式及模块化的技术转移专业服务。

4.5 各组织、联盟在农业技术转移中的作用（种业科企合作模式）

2012年3月，中国农业科学院作物科学研究所携手北京德农种业有限公司，辽宁东亚种业有限公司，山西屯玉种业科技股份有限公司，河南秋乐种业科技股份有限公司，内蒙古大民种业有限公司，河南金博士种业股份有限公司，黑龙江垦丰种业有限公司，齐齐哈尔市富尔农艺有限公司等8家玉米种子骨干企业在北京签署协议，共同组建中农华玉种业联合创新有限公司，旨在种业科企联合，搭建创新平台，在创建玉米商业化育种新机制方面实现突破。

中国农业科学院作物科学研究所作为科研单位整体并入企业，这在之前在我国并不多见，尤其在种业行业。这次的合作正是吸取了国外的经验：国际种业巨头先锋和孟山都公司研发进店费支出结构中，每年有30%用于与科研教学单位合作研究。当时我国种子企业商业化育种刚刚起步，需要与科研单位合作，提高商业化水平，因此这种科研组织与企业联盟合作，通过技术纽带促进科技成果快速商业化的模式符合现代种业科技创新要求。

事实上，作为科研组织和企业联盟合作，在农业产业里主要有以下5种模式。

（1）共建创新平台

中科院作物科学研究所与北京德农种业有限公司等8家企业联合成立"中农华宇种业联合创新有限公司"，共同打造种质资源鉴定创新平台，生物技术育种研发应用平台和品种联合试验平台，通过投资共享和成果共享，促进种业技术创新。中国种业集团与华中农业大学共同打造大型生物技术育种研发平台，由企业投资购买仪器设备，科研机构进行技术开发和技术服务，科技与企业合作，共同提升种子产业科技创新水平。

（2）协议约定任务

中国农业大学与山东登海种业签订玉米品种研发协议；北京市农林科学院和中国种子集团公司签署了杂交小麦研发协议。企业应当提供育种经费，独立的科学研究机构应当培育品种。双方同意分享培育品种的利益。

（3）企业注资入股

中国种子集团投资控股四川省农业科学院水稻高粱研究所的川种种业有限公司、广东省农业科学院水稻研究所的金稻种业有限公司、洞庭高新种业有限公司，湖南省岳阳市农业科学研究院的洞庭高科种业股份有限公司，开展了深入的战略技术转移合作。

（4）科研单位组建联合体

北京市农林科学院以双倍单倍体育种（即DH育种）核心技术为纽带，与北京金色农华种业、山东登海种业、北京德农种业、沈阳雷奥、中种集团、湖北种子集团等20多家种业企业合作，组建北京玉米DH工程化育种联合体。

（5）科研单位整体并入企业

吉林农科院玉米研究所整体并入吉林农业高新种业公司。

这些都是发生在种业行业内，因为育种投入大，周期长，急需科研投入，也需要资本支撑，同时行业有门槛，因此技术转化通常发生在科研机构和企业联盟之间。

当然这种合作模式也有缺点，如知识产权界定、企业销售不按提成支付以及合作成效不明，等等。

第5章
农业知识产权

5.1 农业知识产权概念、特征

5.1.1 知识产权概念

知识产权定义为是人们基于自己的智力活动创造的成果和经营管理活动中的经验、知识而依法享有的权利。

知识产权的概念是从西文引入，是对英文 Intellectual Property 的一种翻译，许多学者在介绍国外有关这方面的法律、研究成果时，都在使用"知识产权"这一概念。著名比利时法学家皮卡第认为知识产权是一种特殊的权利范畴，根本不同于对物的所有权；（苏）E. A，鲍加特赫卡在《资本主义国家和发展中国家的专利法》一书中，认为"所有权原则上是永恒的，随着物的产生与毁灭而发生与终止"。日本也在曾经很长一段时间内称为"无体财产权"。对我国来说，首次正式作为法律术语是在 1985 年 4 月 12 日第六届全国人民代表大会第四次会议通过的《中华人民共和国民法通则》中，即"第五届民事权利第三节——知识产权"。

知识产权的各种界定都有其合理性和利益倾向。究其实质是依法享有的经济权利和精神权利。经济权利是指成果完成者依法对其成果享有的独占使用权以及许可他人使用并获得报酬的权利；精神权利是指成果的完成者享有表明其是该成果的完成者这一身份的权利，以及因完成该项成果而获得相应的奖励和荣誉的权利。狭义的知识产权，即传统意义上的知识产权，分为两个类别：一类是产权，包括著作权以及与著作权有关的邻接权，另一类是工业产权，主要是专利权和商标权。

5.1.2 农业知识产权概念

农业知识产权属于知识产权的一部分，在我国甚至全世界都是一个比较新的概念，国际上没有统一的认识，我国也还没有对农业知识产权单独立法。实际上，农业知识产权的不同定义没有本质的区别，只是人们在语言表述和范围上稍有不同。

农业领域知识产权其内容随着科技的发展而不断充实和完善，目前主要包括农业专利权、植物品种权、地理标志权和农业科技著作权等。农业科学研究是一种智力劳动成果，它既有一般智力成果的属性，又有自己的特点，它既包括物化于有形物质载体上的技术产品（如农作物新品种、肥料、药剂、农机具等），又包括物化于知识载体上的技术文字、图形、图纸等新技术成果（如养殖技术、栽培技术、农机修理技术等）。一旦经过国家法律的认定，这些技术成果即为农业知识产权，也就具备知识产权的属性和特点。

5.1.3　农业知识产权特点

农业知识产权是知识产权的一个领域的分支，是重要行业组成部分，是我国目前保护农业产业，提升农业竞争力的重要领域。但我国目前农业基础还处于薄弱状态，农业科研人员知识产权保护意识也相对淡薄，农业科技的整体水平还相对落后。因此，我国必须重新审视农业产业竞争战略，尤其现代农业科技，必须以知识产权为核心，结合我国实际情况，确定知识产权范围，了解农业知识产权特点，才能更有针对性的实施农业知识产权保护策略，提高农业科技的核心竞争力。

农业知识产权具有知识产权的一般特征即专有性、时间性、地域性、客体的无形性和可复制性，同时还具有农业知识产权特有的特征：

（1）涉农性

即必须是农业生产、流通领域内的知识产权，一般直接或间接与农业生产活动或农产品有关。农业知识产权涉及的是农业领域有关的智力成果、识别性标记等。只要知识产权的规制对象、客体与农业相关，都应该属于农业知识产权的范畴。此外，农业知识产权的主体也不同于一般的知识产权主体，有其特殊性。一般包括农业科研机构、种子企业和专门从事新品种选育或农业耕作研究的技术人员等。

（2）载体的生物特性

相当一部分农业知识产权客体的载体是生物体，具有生物活性，能够自我复制。这是农业知识产权与工业产权最大的区别。工业知识产权，都附着在一定工业产品上，完全是人为控制的，它本身不会发生生命运动。但是农业知识产权的客体大多附着于具有生命特性的材料上，因此它们除了受人的意志影响外，还具有一定自主性，如自我繁殖、变异等。

农业知识产权载体的生物特性以及自然环境的多变性使得其权利也具有极大的不稳定性。此外，在审查制度上，对传统知识产权而言，由于其技术信息附着在一定工业产品或体现为一定方法技术，可以通过具体描述形成技术方案，因此，在审查专利新颖性时就直接审查其技术方案。而对植物新品种而言，很难通过书面形式描述和审查其特征和性状，因此不能通过审查技术方案来确定其是否具备新颖性，而必须对繁殖材料和收获材料进行审查。同时，还有一些诸如侵权责任的认定，客体的生物特性使得植物新品种的侵权认定成为司法实践中的难题，须有农业相关研究人员参与辅助进行认定，农作物的周期性也是侵权认定的一个障碍。

（3）广泛性

农业知识产权的范围很广，基本上涵盖了所有种类的知识产权，同时又有所侧重。农业知识产权是指产生于农业领域的智力成果，基本所有的知识产权类型都囊括在内，包括著作权、商标权、专利权、地理标志权、商号权、其他商业标志权、植物新品种权、商业秘密权、反不正当竞争的权利、科学发现权、发明权、其他科技成果权、关于遗传资源和传统知识的权利等。但是，农业知识产权又侧重于植物新品种权、涉农专利、农产品地理标志、农业商业秘密权、农业传统知识和遗传资源等与农业知识、信息关系密切的知识产权类型，而著作权、商标权其涉农特点并不明显。

（4）易受侵犯性

由于农业科研新成果、新技术一般在野外进行示范推广，权利主体往往难以对其实施严密而有效的控制，他人可以轻易地获取或者非法使用。以植物新品种为例，农作物种植必须在一个开放的环境下进行，使得植物新品种及其繁殖材料很容易散失。比如用预留的自交系作为亲本生产受保护品种，截留委托育种的亲本自己再生产或转售牟利，高价套购，超面积、超区域生产等。植物新品种的生产具有季节性、周期性，有些案件起诉时已经错过了证据保全的最佳时机，如成熟收获季节。而植物生长期的保全，限于法官专业知识水平的欠缺，仅从植物的外观性状难以判断是否侵权，必须要有专业人士配合。

（5）侵权界限的模糊性

农业生产中的发明权、发现权、创新权、地理标志权、商业秘密权，一方面受所掌握的科学技术有关，另一方面与农业的生产周期及农业资源的分布影响有关。因此，产生侵权行为的现象常有发生，而在侵权过程中，界限很难确定，它不像工业知识产权那样比较清楚，如工业产品地理标志权。

（6）价值标准的不确定性

农业生产过程是一个自然与经济的交互过程，在这样一个过程中形成的农业知识产权难以用一定的标准去衡量。在农业知识产权司法实践中，时常会出现侵权数额难以计算的情形。侵权人侵权成本很小，但是一旦侵权后，侵权数额却难以计算，这是与农业知识产权的公示性和易受侵犯性密切相关的。

（7）自然风险性

农业科学研究不同于一般的科研工作，它除了受研究人员水平、技术、资金等人为因素的影响，还与季节、气候、地域、土壤等自然因素密切相关。如几株在试验田里辛苦培育的苜蓿可能因为遭遇虫害而使研究前功尽弃。而很显然工业知识产权客体不存在这个问题，商标设计人设计的商标只要具有可视性、显著性和非冲突性并经过商标注册的申请、审查和核准，商标设计人就可以取得商标权。

农业知识产权除具有上述共同特性外，农业知识产权还具有权利主体的难以控制性、产权转移利益让渡的难以预测性、产权价值标准的不确定性、侵权界限的模糊性及承担风险较大等特征，这些特征都是与农业产业的基本特征联系在一起的。

（8）权利主体的难以控制性

从权利的角度讲，知识产权的主体即为权利所有人，包括专利权人、著作权人、商标权人等，从法律关系的角度讲，知识产权的主体则为权利人及除权利人以外的义务人。而对于农业知识产权的权利主体则受农业分散性特点的影响，在一些权利领域内是难以控制的，如地理标志权、商业秘密权、发明权、植物新品种权等，其法律关系中的权利义务人更是如此，农业生产者大多是权利义务人，他们在实际生产活动中对知识产权的理解受传统农业体制和自身素质的影响，权利主体的知识产权思想就更为淡漠。

（9）产权价值标准的不确定性

产权是有价值的，农业知识产权也不例外，在它的形成过程中，主要付出的是智力劳动，智力劳动形成的"产品"价值是难以确定的，也没有统一的标准，农业知识产权在形成中，要与整个农业自然状态联系在一起，农业生产过程是一个自然和经济的交互过程，在这样一个过程中形成的农业知识产权自然无法用一定的标准去衡量它。

（10）产权转移利益让渡的难以预测性

农业知识产权在其产生过程中，是要付出一定代价的，也就是说是具有成本的，对有形资产的成本是很容易准确预测计算出来的，而对于知识产权这类无形资产其真正的价值是难以用马克思的劳动价值论准确衡量的，它主要是智力成果，尤其在农业行中，许多知识产权的产生周期是非常长的，那么，其产权价值就同样难以准确计量。在实际中，知识产权只有转移实施，才能将其价值和使用价值表现出来，如专利权、著作权等，而在转移过程中，由于其价值不确定，那么其转移利益的让度就难以确定，往往受地域关系和时间关系的影响，也就是说在不同地域或不同时间其转移利益不同。

（11）农业知识产权的风险性

农业知识产权风险性主要是：①自然风险，一般产权申报在先，确认在后，农业的自然特性就决定了产权在产生过程中的风险性；②市场风险，市场经济的资源配置过程是要将优质资源从效率低的地区、部门、项目向效率高的地区、部门、项目转移，在中国农业知识产权保护体系研究转移过程中，受市场机制的影响产生风险。

5.2 农业知识产权类型

农业知识产权与其他知识产权设计的领域不同。根据《知识产权协定》(TRIPS)，规定了 7 种知识产权权利范围，即版权与邻接权、商标权、地理标志权、工业品外观设计权、发明专利权、集成电路布图设计权和未揭露的信息权（即商业秘密）。在农业领域，也可能产生上述知识产权，但更侧重于产生于农业的智力成果，而不仅仅是其他领域已经产生的智力成果在农业上的简单运用。因此，农业知识产权的种类既涵盖上述所有类型，又有所侧重。如植物新品种权、农产品地理标志、农业生物遗传资源与传统知识、其他涉农专利等。

5.2.1 植物新品种权

植物新品种权是依法授予经过人工培育的或者对发现的野生植物加以开发，具有新颖性、特异性、一致性和稳定性并有适当命名的植物新品种的所有人以生产、销售和使用授权品种繁殖材料的专有权。一般认为，农业专利系统不适于品种保护。TRIPS 协议中规定，成员可以采取专利制度、有效的专门制度或以任何组合制度给植物新品种以保护。对植物新品种保护，除美国外，世界大部分国家都未将植物品种纳入专利保护范畴。我国在 1985 年 4 月起实施的《专利法》中规定，对动植物品种不授予专利权，而仅对其非生物学培育方法授予专利权。因此，我国于 1997 年 3 月 20 日颁布《中华人民共和国植物新品种保护条例》（以下简称《条例》)，以专门立法的形式对植物新品种进行保护，并于 1999 年加入国际植物新品种保护联盟（UPOV)，成为 UPOV 第 39 个成员国。依据《条例》第 3 条规定，国务院农业、林业行政部门负责植物新品种权申请的受理、审查和授权。农业与林业主管部门的大致分工是：农业农村部主要负责农作物、水果、草本花卉；国家林业和草原局主要负责林木、干果和木本花卉。

植物新品种权属于知识产权的一种特殊形态，也具有知识产权所存在的相关特征，如客体的无形性和公开性（商业秘密和部分作品除外）、易于传播性、权利的地域性、期限性（商业秘密例外）等。

国际植物品种保护联盟（UPOV）发展的 40 年中，促进了世界各国对植物新品种保护制度的重视和建立。据 UPOV 的统计，截至 1991 年年底，21 个成员国有效的保护品种数超过 2.5 万个，在现有的植物新品种保护名单中，各国最受保护的植物为作物和花卉。中国于 1997 年 3 月 20 日颁布了植物新品种保护条例，1999 年 3 月 23 日向 UPOV 递交了国际植物新品种保护公约的加入书，成为了 UPOV 第 39 个成员国。

5.2.2 农产品地理标志

我国《农产品地理标志管理办法》中对农产品地理标志的定义为："本办法所称农产品地理标志，是指标示农产品来源于特定地域，产品品质和相关特征主要取决于自然生态环境和历史人文因素，并以地域名称冠名的特有农产品标志。"《地理标志产品保护规定》第 2 条规定："地理标志产品，是指产自特定地域，所具有的质量、声誉或其他特性本质上取决于该产地的自然因素和人文因素，经审核批准以地理名称进行命名的产品。"

农产品地理标志代表一定地域的农产品的品质和特色，具有集体性、社会性和信誉作用，因此，我国《农产品地理标志管理办法》规定农产品地理标志的申请主体只能是由县级以上地方人民政府择优确定的，具有监督和管理农产品地理标志及其产品的能力；为地理标志农产品生产、加工、营销提供指导服务的能力；能够独立承担民事责任的农民专业合作经济组织、行业协会等组织。获得授权的上述组织享有农产品地理标志所有权，但并不直接使用，而是由符合一定条件的主体，通过向农产品地理标志所有人申请获取使用。申请使用的主体条件：生产经营的农产品产自登记确定的地域范围；已取得登记农产品相关的生产经营资质；能够严格按照规定的质量技术规范组织开展生产经营活动；具有地理标志农产品市场开发经营能力。获得农产品地理标志使用权的主体可以在产品及其包装上使用农产品地理标志；可以使用登记的农产品地理标志进行宣传和参加展览、展示及展销。

在我国，农业农村部是在《农产品质量安全法》出台后，正式开始农产品地理标志登记保护。主要依据是《农业法》《农产品质量安全法》。

5.2.3　农业生物遗传资源与传统知识

《生物多样性公约》（CBD）第2条对遗传资源的定义为："具有实用或潜在使用价值的遗传材料"；而"遗传材料"是指"来自动物、植物、微生物或其他来源的任何含有遗传功能单位的材料"。传统知识是指传统部族、传统社区在其长期生产生活实践过程中所创造的知识、技术、诀窍、经验的总和。虽然传统知识不适宜用现在通行的知识产权法律制度予以保护，但是传统知识的保护问题已经越来越引起人们的重视。传统知识中有大量的知识与农业有关，比如中草药、农作物的传统种植方法、农副产品的传统加工生产方法、农副产品的传统配方等都应属于农业知识产权的范围。

5.2.4　其他涉农知识产权

（1）涉农专利

指对农业生产方法和除动植物品种之外的农业生物材料享有的一种专有权。农业生产方法，如动植物育种方法、植物栽培方法、动物饲养方法、肥料及其配方、农药及其配方、农业能源及其方法等。农业生物材料包括两类：农业动植物品种和其他生物材料。因为我国《专利法》已经明确排除对动植物品种授予专利，所以这里只讨论其他农业生物材料。所谓其他农业生物材料主要是指农业生产、研究中产生的微生物、半成品、中间材料。如微生物菌种及遗传物质中的动植物细胞系、质粒、原生动物、藻类、DNA、RNA、染色体；农业半成品中的非繁殖材料的植物组织、器官、动物血液、组织；农业生物制品中的微生物、微生物代谢物、动物毒素、动物的血液或组织加工而成的，用于预防、诊断和治疗特定传染病或其他疾病的制剂。这些农业生产方法和生物材料，只要符合专利法条件，都可授予专利权。

（2）涉农著作权

著作权，亦称版权，是指作者或其他著作权人依法对文学、艺术和科学作品享有的各项专有权利的总称。涉农著作权诸如有关家禽的饲养方法、农作物耕作技术、饲料的配置方法以及动植物病虫害的预防等方面的作品的著作权。当然在农业领域产生的、其他满足著作权要求的智力成果也可以成为著作权的客体。

（3）涉农商标

涉农农业商标泛指农业领域内使用的商标，如各种家禽饲料商标、农耕用具商标、农产品商标等。商标是区别商品、服务不同来源的显著标志，具有将一个企业生产或经营的商品、提供的服务与另一企业生产或经营的商品、提供的服务相区别的功能。经商标局核准注册的商标为注册商标。商标与植物新品种权之间的冲突主要表现在品种名称与商标之间可能出现的交叉。另外，有一些国家利用证明商标对地理标志进行管理，使地理标志成为商标的范畴。

（4）农业商业秘密

农业商业秘密主要指相关单位或者人员对于动植物品种繁殖材料、繁殖方法、饲料方法、种植方法、饲料配方、农药配方、工艺流程、相关数据等农业领域的技术信息，以及对于农业生产经营过程中的产品价格、行业情报、供销货渠道、客户名单、促销策略等经营信息所享有的专有权利。

5.3　农业知识产权撰写与申请

将创新成果转化为知识产权是培育国家、产业和企业发展战略资源的有效途径。农业领域的专利技术等知识产权只有转化为现实生产力，才能更好地为社会、为农业做贡献。专利权、商标权、地理标志权、植物新品种权等都会随着相关领域的具体活动产生效益。每一项技术合法性都是科技工作者创造性工作的结晶，凝结着发明者的辛勤劳动。农业知识产权如何进行申请，申请的程序是什么，在申请过程中又应该注意哪些问题，将在本章进行梳理。

5.3.1　农业技术专利的申请

5.3.1.1　专利申请一般原则

农业技术专利同其他各类专利一样，一般遵循以下原则。

（1）书面请求原则

指的是专利法和实施细则规定的各种手续应当以书面形式办理。《专利法实施细则》第2条还规定了专利申请可采取国家行政部门规定的其他形式办理，如网上申请。

申请人以电子文件形式申请专利的，应当事先办理电子申请用户注册手续，通过专利局专利电子申请系统向专利局提交申请文件及其他文件。

申请人以书面形式申请专利的，可以将申请文件及其他文件当面交到专利局的受理窗口或寄交至"国家知识产权局专利局受理处"（以下简称专利局受理处），也可以当面交到设在地方的专利局代办处的受理窗口或寄交至"国家知识产权局专利局×××代办处"。

（2）先申请原则

《专利法》第9条第2款规定，两个以上的申请人分别就同样的发明创造申请专利的，专利权授予最先申请的人。

（3）优先权原则

指申请人自其发明创造第一次提出专利申请日起，在一定期限内，又就相同主题提出另一专利申请的，可享有优先权，即前一专利的申请日可作为后一专利申请的优先权日。

（4）单一性原则

即一项专利申请只限于一项发明创造，即通常所说的"单一性原则"。《专利法》第31条规定，一件发明或者实用新型专利申请应当限于一项发明或者实用新型。属于一个总的发明构思的两项以上的发明或者实用新型，可以作为一件申请提出。一件外观设计专利申请应当限于一项外观设计。同一产品两项以上的相似外观设计，或者用于同一类别并且成套出售或者使用的产品的两项以上的外观设计，可以作为一件申请提出。

下列情况是符合专利法规定的单一性原则，可以放在一件专利申请中提出的：

——一件产品及制造该产品的方法；

——一种产品及制造该产品的模具；

——两种必须相互配套才能使用的产品；

——属于总的技术构思下的几项技术上关联的产品或一种产品有不同的几个实施方案。

5.3.1.2　专利申请需要提交的文件

（1）发明专利需要提交的文件

包括：发明专利请求书、说明书（必要时应当有附图）、说明书摘要、权利要求书、摘要及其附图。各文件要求一式两份。涉及氨基酸或者核苷酸序列的发明专利申请，说明书中应包括该序列表，并把该序列表作为说明书的一个单独部分提交，同时还应提交符合国家知识产权局规定的记载有该序列表的光盘或软盘。如果申请人要求减缓相关费用，应同时提交费用减缓请求书。此外，根据具体情况，还需要提交专利代理委托书，要求提前公开声明、实质审查请求书等。

（2）实用新型专利需要提交的文件

包括：实用新型专利请求书、说明书、说明书摘要、权利要求书、实用新型必须提交说明书附图和摘要附图。文件各一式两份。如果申请人要求减缓相关费用，应同时提交费用减缓请求书。

（3）外观设计专利需要提交的文件

包括：外观设计专利请求书、图片或者照片，各一式两份。要求保护色彩的，还应当提交彩色图片或者照片一式两份。提交图片的，两份均应为图片，提交照片的，两份均为照片，不得将图片和照片混用。如对图片或照片需要说明的，应当提交外观设计简要说明，一式两份。如果申请人要求减缓相关费用，应同时提交费用减缓请求书。

需要说明的，依赖遗传资源完成发明创造的，申请人应当在专利申请文件中说明遗传资源的直接来源和原始来源，申请人无法说明原始来源的，应当陈述理由。

5.3.1.3 文件提交的排列顺序

（1）发明或者实用新型专利申请文件应当按照下列顺序排列

请求书、说明书摘要、摘要附图、权利要求书、说明书（含氨基酸或核苷酸序列表）、说明书附图。

（2）外观设计专利申请文件应当按照下列顺序排列

请求书、图片或照片、简要说明。申请文件各部分都应当分别用阿拉伯数字顺序编写页码。

5.3.1.4 专利申请文件的撰写

（1）请求书的撰写

按照表格内容及提示填写。表格可从国家知识产权局网站下载，或者在专利局受理大厅的咨询处索取或以信函方式索取（信函寄至：国家知识产权局专利局初审及流程管理部发文处），也可以向各地的国家知识产权局专利局代办处（以下简称专利局代办处）索取。一张表格只能用于一件专利申请。

（2）说明书的撰写

按照农业技术发明或者实用新型的名称、所属技术领域、背景技术、发明创造的目的、技术方案、有益效果、结合附图做进一步说明。

（3）权利要求书的撰写

应以说明书为依据，分独立权利要求和从属权利要求，当有多项权利要求时，应以阿拉伯数字按顺序编号，一般情况下第1项权利要求即为独立权利要求，余下为从属权利要求。需要对独立权利要求中的技术特征做进一步限定的，即为从属权利要求。

（4）说明书附图的绘制

实用新型专利必须要有附图。发明专利一般有附图。但如果仅用文字就足以清楚、完整地描述技术方案的，可以没有附图。

（5）说明书摘要的撰写

首先，摘要应当写明发明或者实用新型所属的技术领域、需要解决的技术问题，主要技术特征和用途。对申请实用新型的产品应写出其形状、构造或者其结合的特征，不应写成广告或者单纯的功能介绍。其次，摘要不应加标题、可以连续书写。再次，对于化学领域的发明，摘要可以包括申请的化学式中最能说明发明特点的一个化学式。摘要也可以包括数学式或反应式。最后，摘要不用分段，全文不得超过200字。

（6）摘要附图的绘制

对于说明书中附图的，应单独提交一幅从说明书附图中选出的，最能说明技术特征的一幅图，作为摘要附图。附图大学和清晰度应保证在该图缩小到 4 厘米×5 厘米时，仍能清晰的分辨出图中的各个细节。

5.3.1.5 专利申请审批流程

依据专利法，发明专利申请的审批程序包括受理、初审、公布、实审以及授权五个阶段。实用新型或者外观设计专利申请在审批中不进行早期公布和实质审查，只有受理、初审和授权三个阶段。

发明、实用新型和外观设计专利的申请、审查流程图如下（参照国家知识产权局官网）：

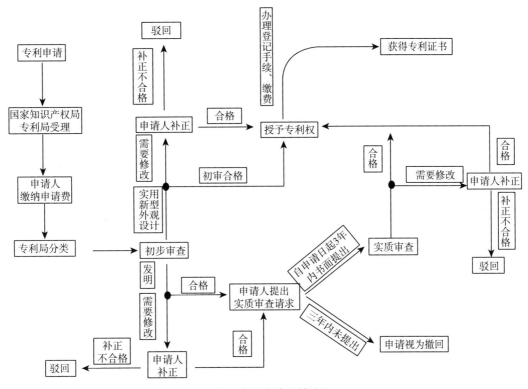

图示 专利申请审批流程

5.3.1.6 可能递交的后续文件（按规定使用专利局的表格形式）

（1）对申请文件主动提出修改

发明专利申请人在提出实质审查请求时以及在收到专利局发出的发明专利申请进入实质审查阶段通知书之日起 3 个月内，可以对发明专利申请主动提出修改。

实用新型或者外观设计专利申请人自申请日起两个月内，可以对实用新型或者外观设计专利申请主动提出修改。

（2）答复专利局的各种通知书

当事人应当在规定的期限内，针对审查意见通知书指出的问题，分类逐条答复。答复可以表示同意审查员的意见，按照审查意见办理补正或者对申请进行修改；不同意审查员意见的，应陈述意见及理由。答复时应注明申请号、发文序列号、所答复的通知书名称、发文日等。

属于格式或者手续方面的缺陷，一般可以通过补正消除缺陷；明显实质性缺陷一般难以通过补正或者修改消除，多数情况下只能就是否存在或属于明显实质性缺陷进行申辩和陈述意见。

对发明或者实用新型专利申请的补正或者修改均不得超出原说明书和权利要求书记载的范围，对外观设计专利申请的修改不得超出原图片或者照片表示的范围。修改文件应当按照规定格式提交替换页。

答复应当按照规定的格式提交文件。一般补正形式问题或手续方面的问题使用补正书，修改申请的实质内容使用意见陈述书，申请人不同意审查员意见，进行申辩时使用意见陈述书。

答复法律手续类通知书时，除了消除通知书中指出的缺陷，还应当重新提交相应的法律手续文件。例如：答复著录项目变更视为未提出通知书时，除按照视为未提出通知书的要求提交相应的文件外，还应重新提交著录项目变更申报书，未缴纳或缴足变更费的，缴纳变更费的同时应当重新提交著录项目变更申报书；答复办理恢复手续补正通知书时，应当消除权利丧失的原因，并重新提交恢复权利请求书。

（3）意见陈述书

当专利局对专利申请做出驳回决定后，申请人有权陈述自己的不同意见，但应以提交意见陈述书（一式两份）的方式进行，理由要充分。

5.3.2 植物新品种权的申请

植物新品种保护（Plant Variety Protection，PVP），是知识产权保护的一部分，实际应用中常称其为品种权制度，又有称为植物育种者权力（Plant Breeder's Rights）。国家审批机关根据法律法规规定授予新品种育种单位或个人使用、生产、销售该新品种繁殖材料的独占权，用法律手段来保护育种者的权益。

5.3.2.1 我国植物新品种保护审查授权组织机构

《中华人民共和国植物新品种保护条例》第3条规定，国务院农业、林业行政部门按照职能分工，分布负责植物新品种权申请的受理、审查和授权、农业与林业主管部门的大致分工是：农业农村部主要负责农作物、水果、草本花卉等职务；国家林业和草原局主要负责林木、干果和木本花卉等植物。

5.3.2.2 我国植物新品种保护范围及期限

保护植物种属范围是指各国纳入植物新品种保护对象的植物种或属。我国通过分批次公布保护名录，逐渐扩大保护范围。目前，我国已公布的保护名录中包括158个种属，其中农业农村部先后公布十一批保护名录，保护范围达到80个属或种，国家林业和草原局先后公布六批保护名录，保护范围达到78个属或种。具体参见公布的《中华人民共和国植物新品种保护名录》农业部分和林业部分。

植物新品种保护期限，各国有不同的规定。我国《中华人民共和国植物新品种保护条例》第34条规定，品种权的保护期限，自授权之日起，藤本植物、林木、果树和观赏树木为20年，其他植物为15年。

5.3.2.3 植物新品种授权条件

植物新品种授权需要符合以下条件。

（1）品种名称

申请品种权的植物新品种应当具备适当的名称，并与相同或者相近的植物属或者种中已知品种的名称相区别。下列情形不得用于新品种命名：仅以数字组成的；违反国家法律或者社会公德或者带有民族歧视的；以国家名称命名的；以县级以上行政区划的地名或者公众知晓的外国地名命名的；同政府间国际组织或者其他国际国内知名组织及标识名称相同或者近似的；与新品种的品种特征、特性和育种者的身份等容易引起误解的。

（2）新颖性

指申请品种权的植物新品种在申请日前该品种的繁殖材料未被销售，或者经育种者许可，在中国境内销售该品种繁殖材料未超过1年，在中国境外销售藤本植物、林木、果树和观赏树木品种繁殖材料未超过5年，销售其他品种繁殖材料未超过4年。

（3）植物新品种的三性

即特异性、一致性、稳定性，这些需要通过栽培实验来测试（DUS测试）。特异性，指申请品种全的植物新品种应当明显区别于在递交申请以前已知的植物新品种。一致性，指申请品种权的植物新品种经过繁殖、除可以预见的变异外，其相关的特征或者特性一致。稳定性，指申请品种权的植物新品种经过反复之后或者在特定繁殖周期结束时，其相关的特征或者特性保持相对不变。

（4）其他条件

违反国家法律、妨害公共利益或者可导致破坏生态环境的新品种，不授予品种权。

5.3.2.4　需要提交的文件

中国的单位和个人申请品种权的，可直接或者委托代理机构向审批机关提出申请。品种权人申请品种权的，应当向品种保护办公室提交统一格式填写的请求书、说明书（包括说明书摘要、技术问卷）和该品种照片各一式两份。

（1）请求书包括内容

——申请品种暂定名称；

——申请品种所属的属或者种的中文名称和拉丁文名称；

——培育人姓名；

——申请人姓名或者名称、地址、邮编、联系人、联系电话和传真；

——申请人国籍；

——申请人是外国企业或者其他组织的，其总部所在国家；

——申请品种的培育起止日期和主要培育地。

（2）说明书包括内容

——申请品种暂定名称，应当与请求书保持一致；

——申请品种所属的属或者种的中文名称和拉丁文名称；

——有关该申请品种与国内外同类品种对比的背景资料的说明；

——育种过程和育种方法，包括系谱、培育过程和所使用的亲本或者繁殖材料的说明；

——有关销售情况的说明；

——该新品种特异性、一致性、稳定性的详细说明；

——适于生长区域或者环境以及栽培技术的说明；说明书不得含有贬低其他植物品种或者夸大其使用价值的言辞。其技术问卷可以在缴纳审查费时提交。

（3）照片应符合以下要求

——照片有利于说明申请品种的特异性；

——照片应为彩色，在品种保护办公室的要求下提供黑白照片；

——规格为8.5厘米×12.5厘米或者10厘米×15厘米；

——附有简要文字说明，有利于说明申请品种的特异性；

——申请品种与近似品种的同一种性状应在同一照片上。

5.3.2.5　受理程序

植物新品种权的受理审批机关分别是国务院农业和林业行政部门。审批机关收到品种权申请文件之日为申请日；以邮寄方式寄出的，邮戳日为申请日。申请人在申请外国第一次提出品种权申请之日起12个月内，又在中国申请该品种权的，依照外国同中华人民共和国签订的协议或者共同参加的国际公约，或者根据相互承认优先权的原则，享有优先权。申请人要求优先权的，应当在申请时提出书面说明，并在3个月提交将原受理机关确认的第一次提出的品种权申请文件的副本；未依照条例规定提出书面说明或者提交申请文件副本的，视为未要求优先权。

为符合条例申请规定的品种权申请，审批机关应当予以受理，明确申请日，给予申请号，并自收到申请日起1个月内通知申请人缴纳申请费。对不符合或者经修改仍不符合条例第21条规定的品种权申请，审批机关不予受理，并通知申请人。申请人可以在品种权授予前修改或者撤回品种权申请。

中国的单位或者个人将国内培育的植物新品种向国外申请品种权的，应当向审批机关登记。

5.3.2.6 审批程序

品种权审查，包括初步审查、实质审查和复审。

（1）初审

申请人被通知缴纳申请费进行初步审查，包括以下内容。

——是否属于植物新品种保护名录列举的植物属或者种的范围；

——是否符合新颖性规定，选择的近似品种是否适当；

——申请品种的亲本或其他繁殖材料来源是否公开；

——植物新品种的命名是否适当等。

初步审查在受理品种权申请之日起 5 个月内完成初步审查。对经过初步审查合格的品种权申请，审批机关予以公告，并通知申请人在 3 个月内缴纳审查费。而对经初步审查不合格的品种权申请，审批机关应当通知申请人在 3 个月内陈述意见或者予以修正；逾期未答复或者修正后仍然不合适的，驳回申请。

（2）实质审查

申请人按照规定缴纳审查费后，审批机关对品种权申请的特异性、一致性和稳定性进行实质审查。因审查需要，申请人应当根据审批机关的要求提供必要的资料和该植物新品种的繁殖材料。审批机关认为必要时，可以委托指定的测试机构进行测试或者考察业已完成的种植或者其他试验的结果。品种保护办公室负责对品种权申请进行实质审查，并将审查意见通知申请人。品种保护办公室可以根据审查的需要，要求申请人在指定期限内陈述意见或者补正。申请人期满未答复的，视为撤回申请。

（3）复审

审批机关设立植物新品种复审委员会。对审批机关驳回品种权申请的决定不服的，申请人可以自收到通知之日 3 个月内，向植物新品种复审委员会请求复审。植物新品种复审委员会应当自收到复审请求书之日起 5 个月内做出决定，并通知申请人。申请人对植物新品种复审委员会的决定不服的，可以自接到通知之日起 15 日内向人民法院提前诉讼。

品种权被授予后，在自初步审查合格公告之日起至被授予品种权之日止的期间，对未经申请人许可，为商业目的生产或者销售该授权品种的繁殖材料的单位和个人，品种权人享有追偿的权利。

5.4 品种审定与品种登记的申请

品种审定与品种登记是一个品种从选育成功到生产上应用推广的主要两种方式。品种审定，是根据品种区域试验结果或生产试种表现，对照品种审定标准，对新育成或引进品种进行评审，从而确定其生产价值及适宜推广的范围。品种审定制度，由政府相关主管部门通过法定程序给予品种进入市场的资格，指定应用的范围，然后才能在生产上推广应用，品种进入市场是由政府决定；品种登记制度，由品种选育企业根据市场需求，自主决定品种是否进入市场，自主决定品种推广应用的范围，品种进入市场完全是由企业所决定的。世界上大多数国家实行的是品种审定制度，特别是发展中国家，如中国；而品种登记制度主要是在市场经济比较成熟的发达国家实行，如美国。

我国 2015 年新修订的《种子法》在第三章"品种选育、审定与登记"中创新地采用了品种审定和品种登记相结的模式。

（1）国家对主要农作物及主要林木品种实行品种审定制度

审定分为国家级审定和省级审定两个级别，审定的标准"三性"为特异性、一致性、稳定性。为保证品种的可追溯性。

一是设立品种审定委员会承担品种审定责任，建立主要农作物和主要林木品种的审定档案，二是要求种子企业对送审的自行试验选育种子的试验数据真实性负责。应当审定的农作物品种未经审定的，不得发布广告、推广、销售。

（2）国家对部分非主要农作物实行品种登记制度

根据"保护生物多样性、保证消费安全和用种安全"这三点来严格限制实行品种登记的农作物范围。应当登记的农作物品种未经登记的，不得发布广告、推广，不得以登记品种的名义销售。

5.4.1　品种审定

随着种业企业的发展壮大，市场规模与监管难度不断增加，我国对农作物品种准入制度、产权保护、执法监督等提出了更高的要求。2015 年年底，十二届全国人大常委会审议通过了新修订的《中华人民共和国种子法》，并于 2015 年正式施行。新版《中华人民共和国种子法》构建了以产业为主导、企业为主体、产学研结合、"育繁推一体化"的现代种业法律制度。依据新种子法的立法精神，2015 年农业部颁布了最新版《主要农作物品种审定办法》，缩减国家审定品种为稻、小麦、玉米、棉花、大豆 5 种主要农作物，允许经认定的"育繁推一体化"种业企业实行品种审定的"绿色通道"，同一生态区内省际引种简化为备案制管理。2017 年 5 月，《非主要农作物品种登记办法》正式颁布实施，农业部公布了第一批 29 种非主要农作物登记目录，非主要农作物实施省级农业主管部门登记管理。品种审定和登记办法的颁布实施，标志着我国农作物品种管理向市场化方向迈出重要一步。

5.4.1.1　品种审定制度

1982 年，原农牧渔业部在总结各省（区、市）品种审定试点工作基础上，颁布实施了《全国农作物品种审定试行条例》，标志着首个全国统一的品种审定制度建立，该条例建立了国家和省级品种审定基本制度，赋予地、县农作物品种审查权利，初步形成了我国品种审定制度框架，但条例文本高度概况，行政层级痕迹较为明显。1989 年，国务院颁布实施了《中华人民共和国种子管理条例》，成为首个规范种子管理领域政府、企业和个人行为准则的法律。同年，农业部依据条例修订并颁布了《全国农作物品种审定办法（试行）》，规定参加全国品种审定作物需通过省级审定的基本原则，制定了《全国农作物品种审定委员会章程（试行）》，建立了涵盖水稻、小麦、玉米等主粮、豆棉油、桑果茶等 14 类农作物的审定标准，大一统的品种审定制度适应了当时种子国营的经济制度。1997 年，《中华人民共和国植物新品种保护条例》颁布实施，种业进入了知识产权保护发展的新阶段。《全国农作物品种审定办法》适时调整，规范了品种审定委员会审定工作的组织原则、全国农业技术推广服务中心的品种区域试验和生产试验程序。2000 年，我国第一部《种子法》颁布实施，标志着我国种业进入到依法发展阶段，建立了以主要农作物品种审定为核心的品种管理制度；2015 年新修订的《种子法》对品种管理制度进行了改革，需要审定的主要农作物种类减少至 5 种，同时增设了非主要农作物品种登记制度。

5.4.1.2　主要农作物品种审定机构

我国主要审定的农作物包括水稻、小麦、玉米、棉花和大豆五大种类。农业农村部设立国家农作物品种审定委员会，负责国家级农作物品种审定工作。省级人民政府农业主管部门设立省级农作物品种审定委员会，负责省级农作物品种审定工作。

5.4.1.3　品种审定申请条件

申请品种审定的单位、个人（以下简称申请者），可以直接向国家农作物品种审定委员会或省级农作物品种审定委员会提出申请。在中国境内没有经常居所或者营业场所的境外机构和个人在境内申请品种审定的，应当委托具有法人资格的境内种子企业代理。申请者可以单独申请国家级审定或省级审定，也可以同时申请国际级审定和省级审定，还可以同时向几个省、自治区、直辖市申请审定。

申请审定的品种应当具备下列条件。

——人工选育或发现并经过改良；

——与现有品种（已审定通过或本级品种审定委员会已受理的其他品种）有明显区别；

——形态特征和生物学特性一致；

——遗传性状稳定；

——具有符合《农业植物品种命名规定》的名称；

——已完成同一生态类型区2个生产周期以上、多点的品种比较试验。其中，申请国家级品种审定的水稻、小麦、玉米品种比较试验每年不少于20个点，棉花、大豆品种比较试验每年不少于10个点，或具备省级品种审定试验结果报告；申请省级品种审定的，品种比较试验每年不少于5个点。

5.4.1.4 品种审定应提交的材料

申请品种审定的，应当向品种审定委员会办公室提交以下材料。

——申请表，包括作物种类和品种名称，申请者名称、地址、邮政编码、联系人、电话号码、传真、国籍，品种选育的单位或者个人（以下简称"育种者"）等内容；

——品种选育报告，包括亲本组合以及杂交种的亲本血缘关系、选育方法、世代和特性描述；品种（含杂交种亲本）特征特性描述、标准图片，建议的试验区域和栽培要点；品种主要缺陷及应当注意的问题；

——品种比较试验报告，包括试验品种、承担单位、抗性表现、品质、产量结果及各试验点数据、汇总结果等；

——转基因检测报告；

——转基因棉花品种还应当提供农业转基因生物安全证书；

——品种和申请材料真实性承诺书。

5.4.1.5 品种审定受理

品种审定委员会办公室在收到申请材料45日内做出受理或不予受理的决定，并书面通知申请者。对于规定的，应当受理，并通知申请者在30日内提供试验种子。对于提供试验种子的，由办公室安排品种试验。逾期不提供试验种子的，视为撤回申请。对于不符合规定的，不予受理。申请者可以在接到通知后30日内陈述意见或者对申请材料予以修正，逾期未陈述意见或者修正的，视为撤回申请；修正后仍然不符合规定的，驳回申请。

品种审定委员会办公室应当在申请者提供的试验种子中留取标准样品，交农业农村部植物品种标准样品库保存。

5.4.1.6 品种审定试验

品种试验包括以下内容。

——区域试验；

——生产试验；

——品种特异性、一致性和稳定性测试（简称DUS测试）。

国家级品种区域试验、生产试验由全国农业技术推广服务中心组织实施，省级品种区域试验、生产试验由省级种子管理机构组织实施。

申请者具备试验能力并且试验品种是自有品种的，可以按照下列要求自行开展品种试验。

——在国家级或省级品种区域试验基础上，自行开展生产试验；

——自有品种属于特殊用途品种的，自行开展区域试验、生产试验，生产试验可与第二个生产周期区域试验合并进行。特殊用途品种的范围、试验要求由同级品种审定委员会确定；

——申请者属于企业联合体、科企联合体和科研单位联合体的，组织开展相应区组的品种试验。联合体成员数量应当不少于5家，并且签订相关合作协议，按照同权同责原则，明确责任义务。一个法人单位在同一试验区组内只能参加一个试验联合体。

自行开展品种试验的实施方案应当在播种前30日内报国家级或省级品种试验组织实施单位，符合条件的纳入国家级或省级品种试验统一管理。

DUS 测试由申请者自主或委托农业农村部授权的申请者自主测试的，应当在播种前 30 日内，按照审定级别将测试方案报农业农村部科技发展中心或省级种子管理机构。农业农村部科技发展中心、部省级种子管理机构分别对国家级审定、省级审定 DUS 测试过程进行监督检查，对样品和测试报告的真实性进行抽查验证。

符合农业农村部规定条件、获得选育生产经营相结合许可证的种子企业（以下简称育繁推一体化种子企业），对其自主研发的主要农作物品种可以在相应生态区自行开展品种试验，完成试验程序后提交申请材料。试验实施方案应当在播种前 30 日内报国家级或省级品种试验组织实施单位备案。

育繁推一体化种子企业应当建立包括品种选育过程、试验实施方案、试验原始数据等相关信息的档案，并对试验数据的真实性负责，保证可追溯，接受省级以上人民政府农业主管部门和社会的监督。

5.4.1.7　品种审定初审及复审

对于完成试验程序的品种，申请者、品种试验组织实施单位、育繁推一体化种子企业应当在 2 月底和 9 月底前分别将水稻、玉米、棉花、大豆品种和小麦品种各试验点数据、汇总结果、DUS 测试报告提交品种审定委员会办公室。

品种审定委员会办公室在 30 日内提交品种审定委员会相关专业委员会初审，专业委员会应当在 30 日内完成初审。专业委员会对育繁推一体化种子企业提交的品种试验数据等材料进行审核，达到审定标准的，通过初审。

初审通过的品种，由品种审定委员会办公室在 30 日内将初审意见及各试点试验数据、汇总结果，在同级农业主管部门官方网站公示，公示期不少于 30 日。

公示期满后，品种审定委员会办公室应当将初审意见、公示结果，提交品种审定委员会主任委员会审核。主任委员会应当在 30 日内完成审核。审核同意的，通过审定。

育繁推一体化种子企业自行开展自主研发品种试验，品种通过审定后，将品种标准样品提交至农业农村部植物品种标准样品库保存。

审定未通过的品种由品种审定委员会办公室在 30 日内书面通知申请者。申请者对审定结果有异议的，可以自接到通知之日起 30 日内，向原品种审定委员会或者国家级品种审定委员会申请复审。品种审定委员会应当在下一次审定会议期间对复审理由、原审定文件和原审定程序进行复审。对病虫害鉴定结果提出异议的，品种审定委员会认为有必要的，安排其他单位再次鉴定。

品种审定委员会办公室应当在复审后 30 日内将复审结果书面通知申请者。

5.4.2　品种登记

为了规范非主要农作物品种管理，科学、公正、及时地登记非主要农作物品种，根据《中华人民共和国种子法》，制定《非主要农作物品种登记办法》，并于 2017 年开始实施。通过品种的登记管理，从源头上杜绝"一品多名""一名多品"等行为，保证市场上销售品种的特征特性等基本信息全面、完整、真实和准确，维护市场公平竞争。通过品种登记，公开发布登记品种的信息，统一保存品种标准种子样品，登记品种接受全社会监督，建立种业信用体系和可追溯体系，确保种业持续健康发展，促进种业安全、食品安全和生物安全。

《办法》明确规定，两个以上申请者同时就同一个品种申请品种登记的，优先受理该品种育种者的申请。科研单位应该及早整理实验数据、测试材料，为申请做好准备，新品种要在多生态条件下进行区域试验、生产试验，尽快登记推向市场。

5.4.2.1　品种登记受理部门

品种登记主要是非主要农作物，是指水稻、小麦、玉米、棉花、大豆五种主要农作物以外的其他农作物。申请者应当在品种登记平台上实名注册，可以通过品种登记平台提出登记申请，也可以向住所地的省级人民政府农业主管部门提出书面登记申请。

5.4.2.2 品种登记申请原则

品种登记申请实行属地管理。一个品种只需要在一个省份申请登记。

两个以上申请者分别就同一个品种申请品种登记的，优先受理最先提出的申请；同时申请的，优先受理该品种育种者的申请。

在中国境内没有经常居所或者营业场所的境外机构、个人在境内申请品种登记的，应当委托具有法人资格的境内种子企业代理。

5.4.2.3 申请登记的品种应当具备下列条件

——人工选育或发现并经过改良；

——具备特异性、一致性、稳定性；

——具有符合《农业植物品种命名规定》的品种名称。

申请登记具有植物新品种权的品种，还应当经过品种权人的书面同意。

5.4.2.4 品种登记提交以下材料

——申请表；

——品种特性、育种过程等的说明材料；

——特异性、一致性、稳定性测试报告；

——种子、植株及果实等实物彩色照片；

——品种权人的书面同意材料；

——品种和申请材料合法性、真实性承诺书。

已审定或者已销售种植的品种，申请者可以按照品种登记指南的要求，提交申请表、品种生产销售应用情况或者品种特异性、一致性、稳定性说明材料，申请品种登记。

5.4.2.5 品种登记受理

对申请者提交的材料，应当根据下列情况分别作出受理。

——申请品种不需要品种登记的，即时告知申请者不予受理；

——申请材料存在错误的，允许申请者当场更正；

——申请材料不齐全或者不符合法定形式的，应当当场或者在五个工作日内一次告知申请者需要补正的全部内容，逾期不告知的，自收到申请材料之日起即为受理；

——申请材料齐全、符合法定形式，或者申请者按照要求提交全部补正材料的，予以受理。

5.4.2.6 品种登记审查与登记

省级人民政府农业主管部门自受理品种登记申请之日起 20 个工作日内，对申请者提交的申请材料进行书面审查，符合要求的，将审查意见报农业农村部，并通知申请者提交种子样品。经审查不符合要求的，书面通知申请者并说明理由。

申请者应当在接到通知后按照品种登记指南要求提交种子样品；未按要求提供的，视为撤回申请。

省级人民政府农业主管部门在 20 个工作日内不能作出审查决定的，经本部门负责人批准，可以延长 10 个工作日，并将延长期限理由告知申请者。

农业农村部自收到省级人民政府农业主管部门的审查意见之日起 20 个工作日内进行复核。对符合规定并按规定提交种子样品的，予以登记，颁发登记证书；不予登记的，书面通知申请者并说明理由。

5.4.3 品种登记与品种审定的异同点

品种登记和品种审定都是品种管理的措施，相同之处有三个方面：对申请品种都应进行必要的试验测试；都要向国家品种标准样品库提交标准样品，农业主管部门发布公告、颁发证书；申请文件或样品不真实，或品种出现不可克服严重缺陷的予以撤销。

区别于现有的品种审定制度，品种登记更注重申请者自负其责。"登记不是'小审定'，主要是确定品种的唯一身份。"品种登记和品种审定不同主要有三个方面：一是试验主体不同，品种登记试验主体是申请者，即试验由申请者自行组织，品种审定试验主体是政府或法律法规授权主体，即品种试验主要由国家统一组织或国家授权有资质单位组织，或者《种子法》授权育繁推一体化种子企业组织。二是申请条件不同，品种登记侧重品种的"身份"管理，品种只要符合 DUS 基本条件，经过试验确定了品种的特征特性和适宜推广范围，且不存在严重的安全问题，即可登记；品种审定有准入门槛限制，品种经过试验测试达到审定标准才能通过审定。三是法律约束程度不同，应当登记的农作物品种未经登记的，不得发布广告、推广，不得以登记品种的名义销售；品种审定为强制行为，应当审定未经审定通过的品种，不得发布广告、推广、销售。

5.5 农业知识产权资本化与运营

5.5.1 知识产权资本化概念及意义

知识产权资本化是指在充分重视并利用知识产权的基础上，将知识产权从产品要素转化为投资要素，并对其进行价值评估，将知识产权作为一种要素投入，参与生产与经营过程，并量化为资本及价值增值的过程。

知识产权资本化的价值使知识产权这个无形资产与现金、实物资产等结合，优化资本结构，使各资本要素共同作用。对企业来说，知识产权资本化可以鼓励企业不断改进和创新，优化市场创新资源，正确引导企业实现智力成果的市场价值，增强企业的市场竞争力，实现企业的可持续发展，也利于加快企业转型，促使企业从产品加工型向技术研发型、劳动密集型向知识密集型的转化，有利于实现产业结构合理化和高度化的有机统一。形成了知识产权开发—知识产权增值、收益—知识产权再创造的良性循环，为知识产权主体提供了良好的研发和实施环境。

5.5.2 知识产权资本化特征与条件

5.5.2.1 知识产权资本化特征

知识产权资本化具有时间限制性、法定性、高盈利性的特征，具备的这些特征将知识产权与资本这两种新型的、活跃的财产关系有机结合，促使知识产权所能创造的价值发挥到极致。

（1）时间限制性

知识产权有自身的法律保护期限，在此期限内知识产权受法律保护，不管是发明专利、实用新型、外观设计还是商标权、著作权等，当期限到期之后，该权利自行失效。因此，知识产权资本化就具备了时间限制性，如果知识产权的法律保护期限越长，则通过知识产权资本化获取的收益就越长；反之，收益就越短。

（2）法定性

知识产权的获得、出资都有相关的法律依据，需要既定的法定程序，因此知识产权资本化必须依法而行，否则，易造成知识产权扩散、流失及滥用。知识产权资本化的法律依据，体现在我国《公司法》《外商投资企业法》《合伙企业法》等企业法律制度中，以及我国知识产权法律制度中，例如《中华人民共和国促进科技成果转化法》。

（3）高收益性

知识产权在法律保护期限内具有专有性，没有法律的特别规定或未经权利持有人的许可，任何人都不得使用权利持有人的权利。其次，对于同一知识产品，不允许具有相同属性的两个或多个知识产权共存。这意味着知识产权持有者在法定期限内能获得高收益。同时，知识产权是一种潜在的生产力，通过使其资本化，推向市场，能为知识产权人创造高额回报，为企业带来丰厚的经济效益。

5.5.2.2　知识产权资本化的前提条件

资本化不适用于所有的知识产权，所以知识产权资本化是有前提条件的。

（1）知识产权主体具备合法性

知识产权资本化，需要知识产权所有者具备合法性。这主要体现在以下两个方面：一是知识产权所有者垄断知识产权，并受到严格的法律保护，其他人不能擅自使用该所有者的知识产权；二是同一个知识产权，不能有第二个同一属性与其并存。

（2）知识产权的价值可以评估

知识产权通过知识产权资本化转为资本，其前提是知识产权的价值可以评估。知识产权的价值由市场决定，必须建立在相关市场情况的分析和预测基础上，与企业的产品与服务，经营活动、企业规模及市场前景密不可分。因此要考虑诸多因素，用适当的计算方法和模型，准确评估知识产权的价值。

（3）知识产权具有未来获利的可能性

知识产权资本化的目的，就是资本实现收益的最大化，所以知识产权未来的获利性是资本化的先决条件，知识产权资本化的目的是实现其资本收益的最大化，只有知识产权必须有获利的可能，才能通过资本化转化为自身优势参与到市场竞争当中，使知识产权所有者受益。否则知识产权虽然资本化了，却难以达到资本化的预期目的，并不能充分发挥知识产权的作用。

5.5.3　我国知识产权资本化运营试点平台

2017 年国家知识产权局开始设立知识产权运营试点城市，并鼓励建立知识产权运营平台和中心，在全国范围内，布局了国家"1+2+20+N"知识产权运营战略平台体系，其中，"1"是指在北京建立的全国知识产权运营公共服务平台；"2"是指在西安建立的国家知识产权运营军民融合特色试点平台和在珠海建立的国家知识产权运营横琴金融与国际特色试点平台；"20"和"N"都是指依托全国知识产权运营总平台提供知识产权运营服务的机构。

5.5.3.1　国家层面知识产权运营平台

（1）国家知识产权公共运营平台

该平台 2014 年设立，是第一个全国性知识产权运营平台，由国家知识产权局牵头、会同财政部共同发起，由华智众创（北京）投资管理有限责任公司（国家知识产权局中国专利技术开发公司、知识产权出版社、中国专利信息中心共同出资成立）建设。具体由中知厚德知识产权投资管理（天津）有限公司和北京三聚阳光知识产权服务有限公司负责。2017 年 4 月 25 日上线，主要从事专利转移转化、收购托管、交易流转、股权投资、质押融资、专利导航等业务。该运营平台是创设时间最早、级别最高的国家知识产权运营平台。

（2）国家知识产权运营军民融合特色试点平台

该平台于 2015 年由财政部和国家知识产权局共同发起，由西安科技大市场创新云服务股份有限公司建设。陕西省在航天、航空、兵器、电子、仪器仪表等方面的军工综合实力很强，同时，陕西省也具有相当数量和规模的高等院校，提供了"军民融合"的条件。中国军民融合平台以推动国家军民深度融合为导向，建立知识产权与军民融合桥梁，助推形成以知识产权运用为主线的公共服务和专业化服务生态环境，探索知识产权运营新模式。该平台搭载了一个名为"科创融资宝一号"的知识产权金融化产品，以评估、写材料、找资源为主要用途。

（3）七弦琴国家知识产权运营平台

该平台于 2014 年年底由财政部和国家知识产权局共同发起，由横琴国际知识产权交易中心有限公司（珠海金融投资控股集团有限公司、横琴金融投资集团有限公司、横琴发展有限责任公司共同出资成立）建设。总部位于广东省珠海市横琴自贸区，2017 年 5 月 19 日上线运行，是与国家平台配套的金融创新特色平台。主要用于知识产权金融化的平台。该运营平台主要做知识产权资产评估、知识产权创业项目、创业辅导及投融资服务等。

5.5.3.2 地方层面知识产权运营中心和平台

（1）运营中心

中国（南方）知识产权运营中心。2017 年 12 月 22 日，中国（南方）知识产权运营中心获批，是国家级知识产权运营公共服务平台，致力于国家知识产权金融创新试点平台建设、知识产权强企建设以及高价值知识产权培育运营。

中国汽车产业知识产权投资运营中心。2017 年 12 月 29 日，中国汽车产业知识产权投资运营中心获批，在北京市建设，与国家知识产权运营公共服务平台建立标准化、一体化的业务体系，形成资源共享、业务协作机制。

中国智能装备制造产业知识产权运营中心。2018 年 5 月 4 日，中国智能装备制造（仪器仪表）产业知识产权运营中心获批，在宁夏回族自治区吴忠市进行建设。吸纳西部地区智能仪器仪表行业龙头企业参与共建，有效集聚仪器仪表产业资源、创新资源和服务资源，辐射智能装备制造产业，实现知识产权运营服务要素集中供给，推动高价值专利培育运营和知识产权强企建设。

（2）运营平台

国家知识产权运营公共服务平台国际运营（上海）试点平台。2018 年 4 月 4 日，由国家知识产权局批复，依据《关于同意上海市建设国家知识产权运营公共服务平台国际运营（上海）试点平台的函》，于 2019 年 5 月 17 日正式启动。该平台致力于打造知识产权跨境交易运营的重要枢纽和国际知识产权金融创新的策源地。

国家知识产权运营公共服务平台高校运营（武汉）试点平台。2018 年 5 月 25 日，由国家直属产权局批复，依据《关于同意湖北省建设国家知识产权运营公共服务平台高校运营（武汉）试点平台的批复》设立，中部知光技术转移有限公司是该平台运营主体，平台"以先布局、再运营"为核心思路，以"'知识产权+'科技创新、成果转化"为主要模式，聚焦高校知识产权运营和成果转化，将知识产权与科技创新、成果转化、技术转移、产业孵化、招商招才等紧密结合，打造高校科技成果转化与知识产权运营全价值链服务体系。

国家知识产权运营公共服务平台交易运营（郑州）试点平台。2018 年 12 月 18 日《依据关于同意河南建设国家知识产权运营公共服务平台交易运营（郑州）试点平台的批复》设立，于 2020 年 5 月 27 日建成，经营专利产品挂牌交易，商标、专利许可、转让，知识产权质押融资等业务。该平台实质上是全国唯一的知识产权交易市场，是中国证监会唯一对知识产权建设方案进行技术指导的地方交易场所，是国家知识产权质押登记的唯一快捷通道，同时具有知识产权权属校验的交易场所，也是国家试点平台开展知识产权及专利产品交易唯一的场所。

2020 年，国家知识产权局联合财政部开展了知识产权运营服务体系建设重点城市的遴选工作。经城市（城区，以下统称城市）自愿申报、省级财政和知识产权部门审核推荐、专家评审，拟确定北京朝阳、天津滨海新区、山西太原、辽宁沈阳、吉林长春、安徽合肥、山东烟台、河南洛阳、湖北宜昌、云南昆明、新疆乌鲁木齐等 11 个城市为知识产权运营服务体系建设重点城市。

5.5.4 知识产权资本化运营模式

知识产权资本化运营在国内已经取得了一定程度上的推广与实施，常以四种模式进行运营，包括知识产权质押融资、知识产权证券化和知识产权信托。知识产权资本化运营涉及的主体主要包含：企业、政府、服务机构、担保公司等。不同的行业领域，不同区域依据其自身特点选择不同组合以提高资本化运营的成功率。

5.5.4.1 知识产权质押融资

（1）概念

知识产权质押融资是指企业也合法拥有的专利权、注册商标专用权、著作权中的财产权等经评估作为质押物从银行等金融机构获得贷款，并按期偿还本息的一种融资方式。

国家知识产权局统计数据显示：

2017 年，我国专利质押融资总额为 720 亿元，同比增长 55%；专利质押项目总数为 4 177 项，同比增长 50%。

2018 年，我国专利权、商标权质押融资总额达到 1 224 亿元，同比增长 12.3%。其中，专利权质押融资金额达 885 亿元，同比增长 23%，质押项目 5 408 项，同比增长 29%。

2019 年，我国专利、商标质押融资总额达到 1 515 亿元，同比增长 23.8%。其中，专利质押融资金额达 1 105 亿元，同比增长 24.8%，质押项目 7 050 项，同比增长 30.5%。

这说明我国知识产权质押融资规模逐渐增大。科技型企业与创新型企业对知识产权融资的需求越来越多，对知识产权资本化的意识逐渐增加。更多企业开始关注知识产权质押融资。

（2）模式

我国 20 多个城市开展知识产权质押融资试点工作，探索了符合自身条件的知识产权质押融资的模式，并在实践过程中取得一定成效，典型的模式主要有以下三种。

市场主导型的北京模式。即"银行+企业专利/商标专用权/版权担保"模式。知识产权企业向商业银行申请贷款的同时向担保机构申请担保，申请的知识产权由资产评估机构权属、价值等的全面评估，律师事务进行贷前审查，银行根据评估结果为申请企业提供贷款。政府部门对知识产权质押融资业务给予一定的补贴，在整个过程中只扮演引导、协调、服务的辅助作用，不承担任何风险。

政府主导型的浦东模式。上海是我国知识产权质押融资业务发展迅速的地区之一，具有自身特色发展模式，与北京模式不同的是，上海浦东模式可以总结为："银行+政府基金+专利权反担保"的间接质押模式。该模式中政府整个知识产权质押融资过程中起主导作用。贷款风险也主要由政府承担。

上海市政府成立了浦东生产力促进中心、浦东知识产权中心、科技发展基金来协调运作整个业务流程。企业将知识产权作为质押向商业银行申请贷款，浦东生产力中心向浦东知识产权中心进行登记，并由浦东知识产权中心审查企业，申请贷款的企业向浦东生产力中心申请担保，浦东生产力中心根据审核结果对企业提供担保，科技发展中基金为生产力中心提供担保资金。同时，企业以自有知识产权向生产力中心提供反担保。浦东生产力中心与商业银行签订担保协议之后，银行向企业提供贷款。因此，政府在整个知识产权质押融资过程中承担较大风险。

混合型的武汉模式。即"银行+武汉科技担保+专利权反担保"。在该模式中，政府引入了专业的第三方担保机构——武汉科技担保有限公司，减轻了政府的负担。企业向商业银行申请贷款，同时向武汉科技担保公司申请担保，并由企业与商业银行双方认定的评估机构为企业进行审查，武汉科技担保公可为企业提供担保，企业以自有的知识产权向担保公司提供反担保，在签订担保协议之后，商业银行向银行提供贷款。

（3）农业知识产权质押融资

农业知识产权质押融资是指以农业相关知识产权为抵押向金融机构提供贷款。相对传统的资本化运营方式是，如果企业无法到期偿还债务，金融机构可以通过处置抵押来优先偿还债务。但随着经济、社会的发展，知识产权市场价值的提高，质押物已从有形资产演变为无形资产。知识产权在许多公司资产中所占的比例逐渐增加。特别是对于拥有先进农业技术或科技成果的企业。因此，农业知识产权质押融资发展迅速。

5.5.4.2　知识产权证券化

（1）概念

知识产权证券化是指发起机构将其拥有的知识产权移转到特设载体，再由此特设载体以该资产作担保，通过重新包装、信用评价以及信用增强后发行可流通的（类股或类债）证券，借以为发起机构进行融资的金融操作。

早在1997年，美国电影工作室梦工厂就用14部电影作为基础资产，发行证券进行筹资；2000年，又在资产池中加入了24部制作中的电影，发行了总额约5.55亿美元的证券；2002年，继1997年和2000年之后进行了第3次证券发行，共募集资金10亿美元，用于卡通片和电影制作。我国首个知识产权供应链金融资产支持专项计划"爱奇艺ABS"成功在上海交易所发行。"爱奇艺ABS"资产标的物全部为知识产权，规模达4.7亿元。"爱奇艺ABS"的成功尝试，为整个影视行业实现自身价值提供了全新的渠道，说明影视行业有巨大的潜力，为影响行业的知识成果转化为资本提供了新的思路与借鉴。

我国首个知识产权券化标准化产品"文科一期ABS"成功在深圳交易所设立。"文科一期ABS"采取的是融资租赁模式，从而使知识产权的收益转移到应收融资款，突破了知识产权证券化中由于知识产权未来收益的不确定性而不能直接作为基础资产的问题。

（2）农业知识产权证券化

农业知识产权证券化是一种新的知识产权资本化运作形式，主要带来以下四方面优势。

——杠杆融资的作用明显；

——分散风险效用明显；

——降低融资成本效用明显；

——具有创新和激励的作用。

特别是目前国家重视的种业，这为种业企业和金融资本的有效融合和对接提供了新的渠道，易形成企业自主创新和企业成长之间的良性循环。

5.5.4.3　知识产权信托

（1）概念

知识产权信托是以知识产权为标的信托。是通过权利主体与利益主体的分离，将知识产权转移给具有专业理财能力的信托专业机构经营管理，由知识产权权利人取得知识产权的收益，信托机构取得相应报酬的一种有效的财产管理方式。

知识产权信托的类型，按照不同的标准有不同的类型。常见的知识产权信托类型有知识产权所有权信托，知识产权许可权信托，知识产权融资信托。前两者主要是委托人基于委托管理的目的，由信托机构代为管理、处置。后者主要是委托人出于融资的目的，将知识产权所产生的收益作为信托计划还本付息的现金流，而设立的信托关系。

我国目前主要的知识产权信托模式是信托贷款模式，即信托公司充当贷款性质的金融机构。在此模式中，知识产权企业将自己的知识产权质押给信托公司，同时企业向担保公司申请担保，保证信托公司的还款安全，信托公司以贷款人的身份向企业提供资金支持。2011年4月，中关村国家自主创新示范区的阿尔西制冷等4家企业，以知识产权作为质押获得总计为2 000万元的信托贷款支持，是一个典型的信托贷款模式。

（2）农业知识产权信托

农业知识产权信任一般具有3个基本特征。

特征一，权益分离。一旦建立了信托，由委托人转让给受托人的财产即成为信托财产。受托人具有信托财产的"合法所有权"，而受益人具有"权益所有权"。受托人必须符合受益人的利益，并管理和处置信托财产，并将产生的收入转移给受益人。

特征二，信托财产的独立性。信托成立后，信托财产与信托人，受托人和受益人的自有财产分开，成为仅用于信托目的的独立经营财产。

特征三，受益人的利益引起的管理责任和风险负担属于受托人。另外，信托财产附带的利益属于受益人，而受益人处于只享受利益并免于承担责任的优越位置。

中 篇
实务技能

第6章
农业科技成果产权交易

6.1 农业科技成果产权交易的主要参与方

农业科技成果产权交易的主要参与方包括农业科技成果产权交易的主体、客体及交易服务机构。

6.1.1 农业科技成果产权交易的主体

农业科技成果产权交易的主体包括农业科技成果产权出让方与农业科技成果受让方。

农业科技成果产权出让方指有完全行为能力、愿意将其持有的农业科技成果产权进行出让的自然人或法人组织，主要由农业科研机构、高校、农业科技企业、农业科研人员等构成。

农业科技成果产权受让人主要指有完全行为能力、愿意受让农业科技成果产权的自然人或法人经济组织。

6.1.2 农业科技成果产权交易的客体

在农业科技成果产权交易中，交易的具体农业技术成果就是农业科技成果产权交易客体。该客体应产权明确、边界清晰，且归属权与实际支配者应明确。农业新品种权、专利权、技术秘密等都属于农业科技成果产权交易的客体。

6.1.3 农业科技成果产权交易服务机构

农业科技成果产权交易需要服务机构的参与，由专业的技术经理人为交易双方构建沟通渠道，提供技术咨询、价值评估等服务，以减少交易双方只依靠自己在识别需求或查找所需产权过程中产生的交易成本及工作量，及避免双方因对产权出让价格的巨大差异而降低交易的成功率。

6.2 农业科技成果产权交易的特点

6.2.1 信息不对称

农业科技成果产权交易中的信息不对称主要是指交易完成后，一方主体无法对另一主体的相关行为进行可靠的监督、验证所导致的信息不对称。如某植物新品种权在交易过程中约定，受让方在使用该品种权进行制种并进行销售后，应当向出让方支付一定比例的销售利润用于支付该科技成果产权的使用费或者转让费，而在实际操作中，出让方很难准确验证受让方的实际利润。

6.2.2　信息不完全性

不确定性会导致信息的不完全性。信息的不完全性是交易双方必须面对的各种预料外的变化，而变化的来源则是该科技成果研发过程的固有风险。由于无法预知的变化在合约中很难对其准确约定，直接导致交易双方在履约时需要通过反复的谈判来对合约的具体内容进行修订或补充。不确定性的主要来源有不确定的政策变化、不确定的竞争对手行为、不确定的替代产品等。

6.2.3　履约期长

由于信息不对称及信息不完全性的特点，导致农业科技成果产权交易不是一次性的交易，而是需要一个长期的履约过程。该过程需要出让方对受让方进行长期的技术指导、咨询服务、沟通联系等。所以，交易双方应当对交易的信息不对称和信息不确定性充分理解与认知，秉承互利、互让、互谅的原则以完成交易并履行合约，构建良好的长期合作关系。

6.2.4　双边垄断性

对于农业科技成果产权交易，产权的出让方拥有品种权、专利权、技术秘密等受法律保护的权利，这些权利使其能够垄断其技术，并在交易完成前不向潜在买方提供该技术的详细信息，从而使卖方无法与其他技术进行详细的对比。买方也存在一定的垄断性，这是由于某一农业科技成果产权的实际需求方有限，一般只有几个甚至只有一个，这种现象直接导致买房往往在交易谈判中处于优势地位。

6.3　农业技术需求管理

技术需求是技术交易的出发点和归宿，即技术交易是对市场中技术需求进行匹配、满足的结果，同时技术需求是技术成果研发和技术交易的原动力。作为农业技术经理人，应熟练掌握农业技术的需求搜集、整理、分析、处理过程，为实现技术与买方的准确匹配，促进技术成果交易，推动需求为导向的科技创新做好准备工作。

6.3.1　需求搜集

对于农业技术经纪人员，这里需求搜集除技术买方的需求外，还应包括技术供方对交易技术成果的需求，只有掌握供需双方的信息才能提高促成农业技术成果交易的概率。

农业技术需求信息的主要来源包括各级农业、科技部门，国家、地方技术转移机构，各级技术市场，行业学会、协会、联盟等社会团体，以及熟人介绍。需求搜集的方式包括以上机构的门户网站抓取，线下拜访获取，技术推介会、项目路演等会议上搜集等。

6.3.2　需求整理

对需求的整理有助于技术经理人对搜集到的需求信息有一个清晰的认知，增加信息的易用性，同时也能对众多信息中的无效信息进行筛选，提高需求对接的工作效率，降低技术交易中的沟通成本。

需求的整理包含需求的分类和需求的有效性确认。

需求的分类可以依据需求的买卖关系，即买方需求、卖方需求；根据需求所属的具体行业，如大田种植、果蔬栽培、农产品加工、养殖技术、植保、农业投入品等；根据技术产权的类型，如专利权、新品种权、技术秘密等；根据需求被满足的状态，如新需求、需求对接中、需求已完成、需再次对接等。

需求的有效性确认主要指技术经理人需要直接联系技术买方或信息来源方、技术供方或信息来源方，对需求是否真实存在及需求是否已被满足进行确认，以提高需求对接的准确性和工作效率。

6.3.3　需求分析

由于技术需求方在发布技术需求时往往很难准确的对所需技术进行描述，或者对所需技术的研发水平不甚了解，如果技术经理人不加以分析就安排技术的对接，极易造成对接的失败。因此，在对技术需求进行分类整理的基础上，对需求进行分析就显得尤为重要。

对需求的分析也要分两类来进行。

对于技术供方的交易需求，需要对技术的产权情况、技术的先进性与成熟度、应用技术所需的条件（场地、设备、人员、资金）、供方期望的交易模式及交易价格等进行了解，利用专业知识或工具对技术的价格进行估测，从而对潜在买家应具备的条件（规模、资金、技术人员水平等）有一个判断。这样在为技术需求方匹配技术时可以做到有的放矢。

对于技术需求方的技术需求，需要技术经理人跟买方或在第三方技术服务机构的见证下与买方进行直接沟通，对买方的需求进行剖析。了解买方需要通过技术解决的问题，现有的技术力量，资金实力，分析在当前的资源条件和技术发展现状下是否有合适的技术与其匹配，用单一技术无法解决的情况下，集成多家技术、产品是否能满足其需求，用于技术的投入与预期产生的经济效益是否符合经济规律，综合分析满足其需求的可行性。

6.3.4　需求处理

根据需求分析的结果，如果在现有条件和技术发展水平下，有合适的技术能与买方需求匹配，则在约定好技术经纪服务的情况下，安排技术需求方与技术供方对接，在技术的价格评估、合约洽谈、产权交易等过程中做好对应的服务；如果在现有条件和技术发展水平下，没有合适的技术与技术需求方匹配，可以安排技术需求方与合适的研发机构对接，洽谈对所需技术的开发；如果需方的技术需求通过集成多家的技术、产品等能够满足，可以引导技术或产品供方的某一方牵头集成各家技术、产品，以满足技术需求方，或者由技术服务机构牵头集成各家技术、产品，以满足技术需求方。

6.4　农业技术交易类别、模式及服务流程

6.4.1　农业技术交易类别

根据北京技术市场管理办公室进行登记备案的技术交易合同来看，农业技术交易的类别主要分为4种，包括技术服务、技术开发、技术转让和技术咨询。

（1）技术服务，是指一方以科学技术知识解决特定技术问题，并由接受服务的一方支付约定价款或者报酬的行为。比较常见的技术服务包括农业技术改造服务、农业技术需求服务、农业技术培训服务、农业技术中介服务等。

（2）技术开发，指科学成果或已有的新技术、新知识应用于生产实践的创造性劳动，是科学技术的独立性和科学技术与社会经济相连性的应用成果。包括针对新技术、新产品、新工艺、新材料、新品种及其系统进行研究开发的服务行为。

（3）技术转让，是指将技术成果的相关权利让与他人或许可他人实施使用的行为。主要包括让与人将其所有的专利权、专利申请权、专利实施权、非专利技术等现有技术的所有权或者使用权、有偿转让给受让方等的服务。

（4）技术咨询，指就特定的技术项目提供可行性论证、技术预测、分析评价等服务完成的技术

交易。常见的技术咨询服务包括相关技术运用的可行性论证、相关技术的调查、相关技术成果的分析和评估等。

技术服务在全国各类技术合同中占比最大，农业技术服务在农机装备、新型肥料、新型饲料及添加剂、植物新品种、农产品加工等领域中均为主要交易类型。农业技术开发及技术转让最活跃的农业领域是动植物新品种，这与国家大力发展种业、政策倾斜有很大关系，国家及地方农业科研机构在优良种质材料与品种培育上的优势明显，对于种子企业来说，委托开发或直接购买品种权是企业升级产品、抢占市场的主要途径。农业技术咨询，目前还未能引起各级各类农业决策者的足够重视，农业技术经理人应当开拓和大力开展此类业务，提高农业技术转移转化效率。

6.4.2 农业技术交易模式

农业技术交易模式可以分为以下 7 种，即技术转让模式，科技计划模式，衍生企业模式，院（校）企合作模式，院（校）地合作模式，金融、技术、市场推动模式，综合服务模式。

6.4.2.1 技术转让许可模式

技术转让许可模式主要是高校、科研院所将研发的技术产权转让或许可给企业使用权的模式。这种模式对科技成果的成熟度有较高的要求，对于单项的技术成果的转让往往采用此模式。按照有无技术服务机构的参与，可以分为直接转让与间接转让。

技术转让许可模式的主要特点包括如下。

——供需双方都有技术转让的需求，技术转让内生动力强；

——技术交易通过市场完成，责权利明确，技术供方承担的风险小、见效快，技术需求方获取的技术先进、较成熟，避免自主研发失败的风险；

——主要的影响因素有技术成熟度、企业的承接能力、技术产权归属、技术服务机构的服务能力；

——由于信不对称，企业需要承担后续的市场风险。

技术转让许可模式下，技术供方获取收益的模式包括如下。

——全额转让（许可）费：技术供方按照双方认可的价格，一次性收取技术转让或许可费用，不参与技术产业化后销售额或利润的分配。

——转让（许可）费+销售分成：技术供方在转让技术时，按照与买方的协议，先收取评估价格的部分金额作为转让（许可）费用，剩余估值的金额，根据买方对技术产业化后，从产品的销售额或销售利润中提取。此种方式适用于交易双方对技术产业化后的预期无法准确预估的情况，能够为买方分担风险，同时也为技术供方提供了获得超评估价格收益的机会。

——股权+销售分成：技术供方以技术入股企业，为企业提供技术和生产建议，企业以供方的技术为依托开展生产，双方共同开展经营，技术供方以利润分成的形式收回技术转让（许可）费用。

6.4.2.2 科技项目模式

科技项目模式主要由国家或地方政府资金引导，科研机构、企业出资参与技术研发的模式。该模式的特点包括如下。

——明确的计划导向：此模式下项目的立项、项目经费、科研团队、技术的转移方向都有保障；

——科技项目计划由政府制定，项目实施通过市场机制，政产学研协同性强；

——技术交易方式主要以政府的采购或以技术服务的形式服务企业为主；

——由于参与方较多，产权不够明晰，对项目技术成果的转移交易有一定影响。

6.4.2.3 衍生企业模式

衍生企业模式主要是高校、科研院所的研发成果，由高校、科研院所或其科研人员携成果创办企业或转让给自办企业进行产业化。如中国农业科学院下属中蔬种业、中保绿康等，中国农业大学下属中农富通等企业，都是将本校（院所）的技术成果产业化，将产品或技术服务推向社会。

衍生企业模式有如下特点。

——科研力量雄厚，创新能力强。衍生企业依托科研院所与高校的技术研发力量和人才队伍，利用完备的实验设备，优质的创新资源，开展技术的产业化落地。

——此模式下影响技术转化交易的主要因素包括：技术产权归属、技术成熟度、管理团队。

6.4.2.4　院（校）企合作模式

院（校）企合作模式即有技术创新需求的企业与高校、科研机构签署合作协议，就一个或多个研究方向，联合进行技术转化或联合创新。

该模式的特点包括如下。

——参与主体及分工明确，只有高校（科研机构）与企业参与。

——有两种合作方式：一种是松散的合作方式，企业规模较小，高校、科研机构直接将成熟的技术转化到企业，交易额较小。另一种是高校、科研院所与企业深度合作，通常以企业研究院的形式出现，由高校、科研机构提供研发力量，企业提供资金、场地、人员方面的支持，就企业的市场需求开展联合攻关，形成的科技成果直接转化交易给企业或共同转让或许可给第三方企业使用。

——主要的影响因素有技术成熟度、企业的承接能力、资金实力，股权激励、产权归属等。

6.4.2.5　院（校）地合作模式

院（校）地合作模式指高校、科研院所与地方政府合作，推动技术成果在地方的转化和研发。如中国农业科学院在德州、东海、廊坊等地开展院地合作建设的研发基地或实验站等；北京大学在邯郸市与政府合作共建的北京大学邯郸创新研究院。地方政府根据地方产业发展需求，提出研发与产业化方向，高校、科研院所匹配研究力量或成熟技术，对地方企业开展技术转让、技术服务等类型的技术交易。

该模式的特点包括如下。

——参与主体与分工明确：即高校、科研院所与地方政府。

——需求明确：合作机构的研发方向或技术引入转化方向要以当地产业发展方向为主。

——技术转让许可与技术服务的对象以当地企业为主。

——有两种合作方式：一种是高校、科研院所与地方政府签订协议，根据地方需求，将已有的科技成果以转让或技术服务的形式转化到该地区，地方政府给予资金、政策、土地等方面的支持。如中国农业科学院在德州、东海等地建立的实验基地；另一种是高校、科研院所与地方合作建立研究院，政府提供资金、土地、政策等方面的支持，并根据当地产业升级发展需求拟定科研攻关方向，由研究院组织科研力量开展攻关，形成的科技成果转化交易到当地企业或以科技服务的形式促进当地产业发展。如北京大学邯郸创新研究院。

——影响因素包括：一是高校、科研机构在全国科技布局的需要；二是地方政府对产业发展的规划；三是地方政府对研发活动投入的意愿及实力；四是地方是否有足够多有能力承接技术创新的企业。

6.4.2.6　产业基金推动模式

产业基金推动模式指产业基金根据产业发展需要，将上游科技创新资源与下游技术产业化有机结合起来，充分发挥市场机制，推动资金、人才、科技成果在高校、科研机构与企业间流动，推动科技资源形成最优配置。

该模式的特点包括如下。

——参与主体多，包括地方政府、科技金融、高校、科研院所、企业等，政产学研密切配合；

——科技金融机构及技术服务机构组织推动；

——市场化配置创新要素，往往呈现跨地域、跨领域整合；

——盈利模式明确，企业与研发机构以股权、技术产权运营盈利，科技金融以股权投资盈利，政府共享地方产业发展成果。

6.4.2.7 综合服务模式

对于地方政府，在农业领域往往由于承接主体小、实力弱、资金有限等因素，在农业新技术、新产品等转化应用上跟不上步伐，造成农业产业升级缓慢。综合服务模式则是针对以上问题，集成种植业或养殖业全产业链的新技术、新产品、新装备，为地方农业产业服务，推动技术创新在地方的应用。如雷沃重工以农业机械化服务为载体，集成种子、肥料、农药、粮食销售为一体的粮食种植全链条服务模式北京农天下农业科技有限公司在农村集体经济服务领域集成技术咨询、饲料、兽药、养殖技术、装备、产品销售等全产业链服务的综合服务模式。

该模式的特点包括如下。

——技术交易主要通过技术服务的形式走向地方农业产业；

——需要政府引导，此种模式需在政府引导下在部分乡镇开展试点，随后才能大面积推广；

——集成多家技术、产品；

——服务提供方取得收益的方式有两种：一种是直接收取服务费用；另一种是以综合服务入股地方产业项目，以项目的销售利润作为服务收益。

6.4.3 农业技术交易服务流程

农业技术交易服务一般包括以下流程。

（1）尽职调查

技术经理人根据委托人的要求和技术需求，尽职调查，做好调查结论，并设计初步交易方案。

（2）与技术供给方对接

技术经理人根据初步交易方案，寻找潜在或目标技术供给方，与其单独对接，同时将委托方的详细需求内容、交易方式和拟交易价格等细节内容，与潜在或目标技术供给方沟通，了解合作意向。

（3）签订技术经纪协议

与潜在或目标技术供给方达成合作意向后，争取取得技术供给方的独家委托。在协议中明确技术供给方委托的服务事项。包括但不限于以下各项。

——技术需求方再次确认的技术内容信息；

——委托人是否独家委托给受托人；

——技术经理人提供服务的方式和完成服务的时间要求；

——技术供给方提交的技术解决方案、技术转移方式、技术交易价格、资金交割方式、后续改进成果归属等以及技术解决方案提交的时间要求；

——技术经纪佣金、支付方式和期限；

——保密内容、保密期限和泄密责任；

——违约责任；

——争议的解决方式；

——名词和术语的解释；

——其他约定事项。

（4）技术交易方案比较

协议签订后，定期跟进并按照协议规定收取目标或潜在技术供给方提供的技术解决方案，结合技术需求方要求和目标进行方案比较，如果与技术需求方要求不一致，应与目标或潜在技术供给方及时沟通，对方案异议点进行建议和修改。

（5）调研互访

技术需求方最终确定技术方案后，技术经理人组织安排技术供需双方进行实地调研互访和谈判工作，及时沟通协调，消除双方疑虑和异议，促成双方意向达成一致。

（6）签订三方技术合同

技术经理人在供需双方取得方案及其他各项要求一致意见后，起草并讨论三方技术合同签订程序和主要条款，同时应向双方宣示《合同法》相关条文，根据实际需要，协助供需双方起草清晰明确的技术合同。鉴于技术交易存在一定的风险，拟订合同时，技术经理人要组织双方对交易风险因素进行认真分析，提出对应措施，力争将风险降低到最小限度。

第7章
农业技术交易商务谈判与方案撰写

7.1 农业技术交易商务谈判的一般技巧

技术交易实现周期比较长，经历的环节比较多，一个技术从洽谈、调研、立项到签约，中间涉及多方面的因素，包括技术、经济、知识产品、法律法规等，因此，谈判是一个重要的环节，需要技术交易双方或是技术服务机构方反复协议磋商才能达成交易。所以，了解谈判的技巧和策略，对提高谈判能力，促成交易签约有重要作用。技术经理人的作用就是提供交易便利、协调双方分歧、疏通交易障碍，使交易双方明白他们之间的利益依赖关系。在双方约定条件、讨价还价的竞争中，技术经理人需要保持头脑清醒和谨慎的态度，为双方做好解释工作，促进交易。

7.1.1 树立正确的谈判意识

一般来说，商务谈判都是以自身经济利益为目的，以价格谈判为核心，双方相互协商、妥协以满足对方需要和达成一致意见的过程。在谈判中要遵循互惠互利的原则，双方可以畅所欲言，都有对事态发展的不同态度和否决权，这不是体育竞技比赛，非要分出上下高低，追求你输我赢，不能把谈判对方看作敌对关系，谈判结果应该是双方都获得了自己所需要的，达成利益均衡的协议，双方是朝着达成共同的谈判目标一起努力的。

任何谈判都有不同程度而矛盾冲突，这是正常现象。但如何在矛盾冲突中求合作，必须要有平等地位和相仿的条件，如果一方完全处于劣势，是无法进行谈判的。只有双方共同利益存在，才既能保证自己的利益，又能让对方从谈判中获得满足，才能使谈判继续下去。所以，在谈判中处理好洽谈过程中的人际关系，应平等协商、谦逊有礼、不卑不亢。树立正确的谈判意识，建立良好的谈判心理十分必要。

首先要确立谈判信心。谈判信心来自对自己实力以及优势的了解，也来自谈判准备工作是否做的充分。

其次要认定自我需要。满足自我需要是谈判的目的，清楚自我需要的各方面情况，才能制订出切实可行的谈判目标和谈判策略。谈判者应该认定以下四个方面。

（1）希望借助谈判满足己方哪些需要

比如，作为谈判中的买方，应该仔细分析自己到底需要什么样的产品和服务，需要数量、要求达到的质量标准、价格、购买时间、供方必须满足买方的条件等；作为谈判中的卖方，应该仔细分析自己愿意向对方出售的产品种类、卖出价格最低限以及买方的支付和时间等。

（2）各种需要的满足程度

己方的需要是多种多样的，各种需要重要程度并不一样。要搞清楚哪些需要必须得到全部满足；

哪些需要可以降低要求；哪些需要在必要情况下可以不考虑，这样才能抓住谈判中的主要矛盾，保护己方的根本利益。

（3）需要满足的可替代性

需要满足的可替代性大，谈判中己方回旋余地就大；如果需要满足的可替代性很小，那么谈判中己方讨价还价的余地就很小，当然很难得到预期结果。

（4）满足对方需要的能力鉴定

除了要了解自己能满足对方哪些需要，还要了解满足对方需要的能力有多大，在众多的提供同样需要满足的竞争对手中，自己具有哪些优势，占据什么样的竞争地位。

7.1.2　做好谈判前的准备工作

在谈判前要做充分准备、估计和设想，了解自身资源、掌握的信息是否有效，是否足够，将自身资源合理高效地利用起来。还要了解对方的实力、对方交易成果的信息，准备进行交易的谈判人员的性格等，并提前梳理谈判中可能出现的问题，拟定谈判策略和解决对策，同时要考虑谈判要达到的目的，这样才能在谈判时合理化运用双方的信息，权衡冲突，掌控整场谈判的节奏，掌握谈判的主动权，从而最大限度地取得谈判的成功。

7.1.2.1　收集谈判相关信息

尽量多的掌握信息是谈判是否能够成功的关键。同时根据上述农业技术交易的类型，了解不同农业技术交易类型中应该注意的问题，做好充分的谈判前准备。

（1）农业技术服务需要注意问题

——在接受企业委托时，农业技术经理人及其机构要在众多的技术服务方中，为企业挑选能够胜任的技术服务方，以确保能够达到的良好的技术服务效果。

——农业技术经理人及其机构要不断地为技术服务方拓宽服务领域和开拓新的技术服务项目。

——农业技术服务量大面广，非常容易和经纪合同相混淆，因此农业技术经理人及其机构一定要划清技术服务合同与经济合同的界限。

（2）农业技术开发应注意问题

——明确成果开发创新性。相应技术进步特征和技术创新内容，均可以作为技术开发合同的标的。因此对技术开发合同中研究成果的技术创新程度，既要具体分析，又要较准确的技术要求，以便进行考核。

——明确技术成果的归属权。按照《专利法》及《合同法》的规定明确成果技术开发后的归属权利。

——明确承担研究开发风险的主体。研究开发风险，应在谈判及合同中明确约定，因出现无法克服的技术困难导致研究开发失败或部分失败的，其风险责任如何承担。如果没有明确约定的，风险责任由当事人合理分担。作为技术经理人，在谈判及促成技术开发合同成交时，因及时提请当事人在合同中约定该项风险，如未约定，也应达成协议，按照合同争议进行调解。

（3）农业技术转让应注意问题

农业技术转让应特别注意关于后续改进的处置问题。即技术转让合同在有效期内，一方或双方作为合同标的专利或非专利技术成果所做的革新和改良。这种革新和改良的提供和分享是技术转让合同中一个特别重要的问题，应注意以下原则。

——后需改进的技术成果属于完成该项目后续改进一方。除了合同有约定外，任何一方无权要求分享另一方所做的后续改进成果。

——提倡当事人双方按照互利互惠原则和权利与义务相一致的原则，约定后续改进技术成果的分享。

——分享后续改进的技术成果，应当是自愿的、相互的和有偿的。

——互惠使用后续改进技术成果，应当另行订立技术合同。因为使用后需改进技术成果、实质上是一项新的技术转让。

（4）农业技术咨询应注意问题

特别注意顾问方一般不对委托方的决策结果负责。决策结果主要由委托方即决策者负责，这是技术咨询中一个较为特殊问题。

7.1.2.2 挑选专业人士——技术经理人

商务谈判是一项专业工作，也是一门学问。一个优秀的专业谈判人员能够从容地应对和处理谈判过程中遇到的各种问题，帮助企业大大地提高谈判效率，专业的谈判班子更是具备丰富的专业知识及熟练的谈判技巧，同时具备强大的心理素质。所以挑选一个素质高、技术强的谈判人员或是精明能干的谈判班子大大保证项目谈判的连贯性及成功率。

7.1.2.3 制订谈判计划

谈判计划首先要确定谈判目标，同时包括谈判议程和谈判时间、谈判地点等，这决定了谈判效率的高低。

（1）确定谈判目标

由于谈判过程中，不确定性较大，所以在制定目标时要有三个不同的预期目标，即最希望达到的目标、最可能的目标以及最低可以接受的目标。每个目标都是根据实际情况合理制定，不能过高也不能过低，且每个目标都有一定的弹性，否则，谈判过程中达不到目标，容易心理失衡造成谈判过程不顺畅，最终谈判不成功。

（2）制定谈判议程及布局

谈判议程要根据自己的实际情况，保证自己的优势能够得到充分的发挥，还能避其所短，尽可能将自己对某些信息不能确定或是某种情势尚无定局时，尽可能安排在最后谈判的时间洽谈，避免自己处于被动。谈判是一个技术性很强的工作，要善于运用谈判技巧，运用手段为自己创造有利条件，同时不为人察觉。在制定谈判议程时，要能够引导或者控制谈判的速度和方向，体现自己的谈判总体方案及让步的限度。如果能够制定编制出一个好的谈判议程，就会牢牢把握谈判的主动权。

（3）制定谈判的时间

确定合理的谈判时间不仅能够把控谈判的节奏，还利于控制谈判局势。谈判者要准确把握有利于自己的时机，比如在对手出现具有强烈合作需求时，或者对手面临谈判压力大于自己时，可以利用对方需求的迫切性，获取谈判的主动权和控制权。

（4）选择谈判的地点

一般谈判地点有三种类型，己方所在地、对方所在地和第三方所在地。不同地点对谈判会有不同的影响。一般会愿意选择己方所在地谈判，因为不仅环境熟悉，心理上会有优越感和安全感，而且由于东道主的谈判环境很容易掌握主动权。在对方所在地时，可以当准备不足时作为客方退出更为方便。第三方所在地的优势即双方均无东道主优势。三种地点选择各有利弊，根据需要选择谈判地点，提前做好准备。

7.1.3 商务谈判中的策略和技巧

企业间的商务谈判既是一个对抗、相互博弈的过程，也是一个相互谋求合作、妥协的过程。因此，各谈判方在保证达成满意的合约的基础上，都在努力争取己方权益的最大化，在这个商务谈判的过程中就要讲究一定的策略和技巧，既能争取到自己的最大利益，还能避免谈判陷入僵局。

（1）语言技巧

语言是谈判的重要武器，发挥着不可替代的作用。在整个谈判过程中体现在开题叙述、提问及回答等方面。谈判双方刚开始，心理压力相对较大，情绪比较紧张，委托、准确、得体、合适的开题叙述会使双方心理放松，缓解紧张气氛，巧妙、把握细节的提问也能帮助我们表明自己的意图、了解事态的真实性。不同的语调、语气的提问方式也要掌握提问时机才能呈现较好的效果。要尽量避免随意性的和具有挑衅口吻的提问方式，尽量保持真诚礼貌。在回答问题时，要遵循先思后答的原则。一般问题要真诚、实事求是、就事论事。不好全部答复的问题可选择性作答，没有确切答案的可以拖延答复，引诱性问题可采用反问语气。

（2）倾听技巧

谈判中有效倾听也是一种技能。在倾听过程中，能准确判断信息的真实性，审视对方提供信息的目的，找到漏洞，有的放矢。

（3）行为技巧

可以通过手势、坐姿、眼神等身体语言与谈判搭档进行信息交流，从而相互配合支持，取得谈判成功。

（4）退让技巧

谈判是一个相互的过程，如果存在争议问题或是言语间伤害了对方，使谈判陷入僵局后，不要一直争执于此，应转移谈判的话题或者暂时停止谈判，弄清楚对方的真实意图和根本利益，发现可退让的限度，以退为进，在局部问题上进行让步，然后在关键问题上换得对方的让步，推动谈判的进行，保证谈判的成功。

（5）换位技巧

谈判的目的是谋求共同的利益，在谈判过程中求同存异，因此谈判双方应该换位思考，互相体谅，谋求谈判的顺利进行。

7.2 农业项目商业计划书

商业计划书是我国入市之后逐步应用的一类经济文书。在企业中一般扮演两种角色。一种用于企业内部，内容是企业对自身各种商业因素的分析和介绍，往往也蕴含着企业未来的发展蓝图。另一种是企业为了自身或是某一个项目达到招商融资和其他发展目标，对外进行展示和推销公司目前的状况及未来的发展潜力。商业计划是创业者开发机会、制定战略以促使新企业生成的重要手段；对于风险投资者而言，商业计划书是风险投资者对新企业进行评估的重要依据；商业计划作为一种重要的创业活动，在新企业的组建过程中肩负着制定企业未来发展"蓝图"与向潜在利益相关者传递合法化信号的双重作用。

7.2.1 农业商业计划书编制作用

商业计划书的起草与创业本身一样是一项复杂的工作，但目前中国企业，高校以及科研院所的项目在国际、国内的融资困难，大多不是项目自身问题或项目投资回报不高，而是商业计划书编写策划能力不能让投资方感到满意。商业计划书要对农业不同领域、行业、市场进行充分调查研究，为企业或是项目提供新的可能性，为投资者提供一份展现企业或是项目自身潜力和价值的计划书，并说服他们对项目进行投资。优秀的商业计划书能够助力企业或项目筹集资金、审阅企业各个阶段计划的协调性、帮助企业寻找合作伙伴、为推进事业的发展，尤其对于一个发展中的企业，专业的商业计划书既是寻找投资的必备材料，也是企业对自身的现状及未来发展战略全面思索和重新定位的过程。

7.2.2 农业商业计划书主要内容

商业计划书各具特色，但一般包括以下内容。

计划摘要。相当于一份材料清单，但同时能让投资者一目了然、快速引起投资者进一步阅读兴趣的一章，一般包括公司渊源、目标和策略、公司框架、管理团队的业绩和其他资源、产品和服务的特点、市场潜力和竞争优势、财务状况及融资需求等。

产品介绍。对产品（服务）做出准确详细的说明，陈述包括产品和服务的独特之处，包括成本、定价的依据、产功能、特性及具有的竞争优势、采取的保护性措施和策略。

人员及组织机构。商业计划书中，必须要对主要管理人员加以阐明，介绍他们所具有的能力，他们在本企业中的职务和责任，详细经历和背景，且要让投资者看到这个团队的管理人员是互补且有团队精神的。此外，还应对企业结构做一简要介绍。包括公司的组织机构图、各部门的功能与责任，主要负责人及主要成员。公司薪酬体系，股东名单及持股比例等。

市场分析。描述企业定位行业的市场状况，支出市场的规模，预期增长速度和其他重要环节，包括市场趋势、目标客户特征、市场研究或统计、市场对产品和服务的接受模式和程度，对投资者而言，要让专业人员相信这个市场有足够规模且是不断增长的。

竞争分析。在商业计划书中明确指出与企业同类产品和服务。分析竞争态势和确认竞争者信息，包括其优点和弱点，所占市场份额，同时认真分析自身与竞争对手同类产品或服务在价格、质量、功能有何不同，如何赢得竞争。

营销策略。商业计划书中应详细描述营销渠道的选择和把控，如何有效管理营销队伍及营销的方案和广告策略及价格决策，让投资者能清楚看到自身在营销上的独特创新性。

财务规划。财务规划要花较多时间做具体分析，要包括商业计划书的条件假设，预计的资产负债表、预计的损益表以及现金流量表，还有资金的来源和使用。这部分要寻求专业人士帮忙，如会计师，同时注意预计要合理且可行。

风险因素。商业计划书中除了要写明自己产品或服务的独特新颖之处外，要合理地列出可能出现的风险，每个项目都不可能是完美的，但风险因素一定是能可控且有措施保障的，这样投资者才不会觉得假大空，才会认为这个项目实际可落地。

7.2.3 农业商业计划书编制注意问题

要注意细节。文字简洁，表达清楚，数据有据可依，文章脉络清晰是商业计划书撰写者的基本素质，同时要注意图表文字相结合，排版美观也会给观看者留下好的印象。同时要注意前后衔接及说法一致的问题，切不可前后不对应，数据对不上。

要重点突出。投资者往往最关心的是你与别人的不同，不同在哪里，优势是什么，弱势又是什么，又如何应对这个弱势，即商业计划书的竞争分析。所以一定要详细分析产品或服务的所具有的特别之处，其竞争优势到底是什么，说清楚、说透彻，不可轻描淡写地处理这部分内容，才能赢得投资者的青睐。

要实事求是。商业计划书中最容易产生水分的是财务中的收益预测。在编写该部分时，很多是简单的将行业总量乘以一个比例，比如理想中的市场占有率。但总量数据本身就超过细分行业数据时，再加上对市场的过分乐观，就很容易得出的很高的数据。所以要根据市场存在的风险及可能参考的数据计算收益时往往可以赢得投资者的信服。

7.2.4 农业商业计划书委托服务流程

第一步，双方达成合作协议，签订委托合同。

第二步，收集相关资料，包括向客户征集企业基本情况、管理团队资料，财务数据、项目现行技术、及市场情况。

第三步，实地调研。初入企业，从企业内部人员、管理、制度、财务及产品的销售、市场等方面进行调查和可行性分析。

第四步，商业计划书的初步方案。根据专家和企业意见，确定方案的大纲和主要内容。

第五步，商业计划形成初稿。根据确定的大纲和主要内容编写完成商业计划书初稿。

第六步，意见获取及修改。初稿交付后，与企业沟通讨论商业计划书各部分是否能够达到对企业进行宣传、包装的效果，尤其是否能够引起风险投资商、银行和供应商的注意，是否达到了营销的最佳效果。再根据客户的意见和建议进行补充修改，形成终稿。

第七步，终稿交付。封装交付客户，收取费用。

7.3　农业项目建议书撰写

项目建议书是指由企业或有关机构或项目法人依据国民经济发展、国家和地方的长期规划、产业政策、地区规划、生产力布局、经济建设方针和技术经济政策等，结合资源情况、建设布局等条件和要求，经过调查预测和分析，从宏观上论述项目设立的必要性和可能性，较少项目选择的盲目性，供有关部门选择并确定是否进行下步可行性研究的建议性文件。在农业技术转移过程中，项目建议书既是技术转移工程项目准备的开始，又是确定项目建设和具体设计的依据。

7.3.1　农业项目建议书编制作用

项目建议书是国家、企业对项目进行可行性研究的依据，他为项目提出一个轮廓和设想。一般有项目的投资者提出，也可由行业主管部门针对一些重大项目，如大型农业项目的提出。对于农业技术转移中的项目建议书，由委托方提出，作为项目是否有投资机会、可否进行下一步详细的可行性研究提供依据。

7.3.2　农业项目建议书主要内容

农业项目建议书的基本内容包括。

项目基本内容。包括项目名称、实施单位与负责人、时间期限，项目管理组织结构。

建设必要性和依据。说明项目建设的背景、地点、与之相关的长远计划、地区和行业规划、国家产业政策、投资政策和技术经济政策，说明项目建设的必要性。对于引进的技术设备的项目，说明国内外技术差距与概况以及引进的理由、工艺流程和生产条件的概要等。

建设初步设想。包括产品方案、拟建规模和建设地址的初步设想。产品的市场预测要包括国内外同类产品的生产能力、销售情况分析和预测、产品销售方向和销售价格的初步分析等；要说明产品的年产值，一次或者分期建成的设想，及对拟建项目规模经济合理性的评价。

资源及其他条件的初步分析。对于生产项目而言，主要说明生产原料、燃料供应状况、水电供应情况、环保条件、物资产品运输情况、可供使用的公共设施情况；有关单位协作关系及初步鉴定的有关协议；需要引进技术和设备时，应说明拟引进的国别和厂商的技术水平；设备特点和有调查分析的资料。

工艺方案。主要工艺技术方案的设想及工艺路径。如引进国外技术、应说明引进的国别及国内技术与之相比存在的差距，技术来源、技术鉴定及转让等情况。专用设备来源如采用国外设备、应说明引进理由以及引进设备的国外厂商情况。

投资和资金筹措。包括投资估算、根据数据情况进行详细估算。投资估算中应包括建设利息、投资方向调节税和涨价预备金。流动资金可参考同类企业条件及利率，说明偿还方式、测算偿还能力。国内费用的估算和来源。

进度安排。列出项目实施的几个主要时间段，每个时间段完成哪些任务。

预期结果。经济和社会效益的初步估算。计算项目实施期内投资是否能收回，进行盈利能力及偿还能力的经济效益分析。对国家、地区及单位产生的社会效益如何等。

附件。项目建议书中需要用到的较多的图表、合作方的详细简介及各主要参与人员的介绍。

7.3.3 农业项目建议书编写注意问题

认真调查，注重实际。要多次实地调研，认真走访调查，尽量多的完整地收集资料，掌握项目的实际情况，力求资料真实详尽、数据准确可靠且全面，做好项目建议书充分的编写准备。

语言清晰，表达完整。项目建议书编写要语言流畅、通俗易懂，客观反映事实，不可夸大、切记浮泛描写，而且不能靠想象去描述。论述部分要理由充分、逻辑清晰、条理清楚、结构完整。

注意分析方法。项目建议书的写作，是以数量方面所表现出的规律性为依据的，要求对未来的发展趋势进行科学、严密的推断分析。像投资估算、厂址选择、产品市场需求预测分析、经济效益评价分析等项目需要通过一定方法分析计算才能得出结论。如果分析方法不当或计算出现偏差，那么得出的结论就会和实际有出入，甚至出现错误，所以分析方法的选定十分重要。

7.3.4 农业项目建议书委托服务流程

（1）前期准备阶段

包括①了解客户需求，确定项目建议书编写目标正确；②广泛收集企业资料，实地调研；③就项目建议书的框架、主要内容、时间进度、初步预算等内容进行商讨；④拟定并签署合同。

（2）项目启动阶段

包括①成立项目小组，确定双方负责人及联络人；②项目初步计划；③项目内容细化；④时间进度及需要落实的任务；⑤其他需要配套准备的资料。

（3）调研分析阶段

包括①委托方现状；②技术目前的优劣势分析；③产品的市场前景和发展趋势；④项目建设方案、规模、地点和期限；⑤投资估算与资金筹措；⑥经济和社会效益分析。

（4）编写项目建议书

包括①按照双方沟通意见开始编写；②针对提出建议和意见进行调整和补充；③修改完成项目建议书并提交。

7.4 农业项目可行性研究撰写

可行性研究报告是商业计划书和项目建议书之后进一步对拟建设项目投资决策前进行全面技术经济论证的重要材料。可行性研究报告运用专业的研究方法，针对与项目有关的市场、社会、技术等先进性和适用性、经济上的合理性、建设实施的可能性进行综合分析和全面的、科学的系统论证，多方案比较和综合评价，拟定各种可能的技术方案和建设方案，由此给出是否应该投资和如何投资等结论性意见，进而为交易提供判断与鉴别依据。

7.4.1 农业项目可行性研究报告编制作用

可行性研究报告的最主要的用途就是为项目投资者决策提供技术支撑，是决定是否投资的重要依据。能为交易客体——企业或是项目方的高层管理者提供项目的规模、投资额、产品销路、市场竞争力等信息，并对投资可能产生的经济效益进行预测，提供决策依据。也可用于企业融资、对外招商合作。投资的项目需要贷款时，商业银行在贷款前需要项目方提供规范的项目投资可行性研究报告。

对农业项目的可行性研究主要用于申请政府资金。这是目前编制数量较大的一类农业可行性研究报告，编制时要考虑到农业对象的生物性，农业受自然条件和市场条件影响的双重性等特点，必须到现场进行周密调查，反复分析，才能使农业项目的可行性研究结果更具准确性。因此，技术项目的可行性研究是技术转移服务中的主要工作，不仅是评价技术交易客体的需要，也是服务质量的重要保证。

7.4.2 农业项目可行性研究主要内容

农业项目涉及种植业、畜牧业、渔业、加工业和农业旅游业等诸多产业，各方面的研究内容和侧重点均有所不同，但基本框架应包括以下 10 个方面的内容。

投资必要性研究。主要根据国家和地方政府的产业政策，以及市场需求等方面，阐述项目提出的主要依据，如国家产业政策、行业发展规划、区域发展规划等；项目提出的理由，如区域经济、投资者自身发展需要等，研究论证项目投资建设的必要性。

市场需求性研究。即需求分析，需对产品的市场需求就行调查和预测，既要预测市场的容量，还要分析产品的生命周期。

技术可行性研究。研究设计项目的技术方案，并对项目所涉及的技术，研究分析技术的成熟性、先进性、可行性、适用性、经济性、生产工艺流程、主要生产设备和配套工程、环保、能源等一系列内容。

财务可行性研究。主要依据国家现行的财税制度和价格体系，研究设计财务方案，从财务角度分析，计算项目的财务效益、费用，预测项目的有关财务指标，考察项目的获利能力，据以判断项目的经济效益。

环保可行性研究。从环境保护和可持续发展的角度，评价项目在控制污染、生态平衡、自然资源利用、环境质量改善方面的效益。

节能可行性研究。从能源节约的角度，评价项目在节能减排方面的效益。

经济效益性研究。主要论证财务上的盈利和经济上的合理性。

社会可行性研究。主要分析对影响项目并同时受项目影响的社会因素，并提出减少或避免项目负面社会影响的建议和措施，保证项目顺利实施和项目目标的实现。

风险因素分析性研究。主要对市场风险、技术风险、财务风险、组织风险、法律风险、经济及社会风险等风险因素进行分析评价，并制定规避风险的对策。

敏感性分析研究。论证成本、价格或进度等发生变化时，可能给项目的经济效果带来何种影响及影响程度。

7.4.3 农业项目可行性研究报告编制注意问题

（1）谨遵行业标准

结合行业特点由主管部门制订了本行业的可行性研究报告编制内容、深度规定等行业标准，并随着行业形势的发展，陆续做了修改制补充。这些行业标准都明确规定了行业特点所要求的内容，编制可研报告时必须"对号入座"，谨遵标准，不能主管更改。

（2）总论应全面、清晰、有序地反映报告全貌

可研报告总论一章，除要说明项目提出的背景，研究工作的依据和范围外，更主要的是提纲挈领的说明后面各章节研究内容的结论，有机地浓缩报告全部内容，使项目决策者一目了然。特别是总论中的结论部分和项目"四性"（即项目建设的必要性、建设条件的可能性、工程方案的可行性、经济效益的合理性）一定要明确，项目技术经济指标的水平处于什么水平、项目技术工程和经济是否可行，要有观点明确的结论性意见。

（3）做好项目市场竞争力与敏感性和风险的分析

可行性研究中项目的市场竞争力分析，是将拟建项目的市场竞争力分别与同类项目或其他可替代品的竞争力进行对比，看其建成后在市场竞争中获胜的可能性，以确定项目投产后的营销策略，优化项目的技术经济方案。

（4）必须进行项目建设方案与工艺技术方案设计的多方案比选

项目建设方案设计通常包括确定项目建设规模、选址和布局等内容。因项目建设规模是根据预测的市场需求量来确定的，需求预测是项目拟建规模的基础。

（5）准确进行财务评价

项目财务评价主要包括对盈利能力、清偿能力、财务可持续能力三大能力的分析和不确定性与风险分析五部分内容。盈利能力分析一般要通过计算项目的盈利性指标来考察项目的盈利水平，是项目财务评价的基础和核心，其结论对投资决策起着主导作用，项目只有通过了盈利能力分析，才有必要进行清偿能力和财务可持续能力分析，为此必须引起高度重视。

7.4.4　农业项目可行性研究委托服务流程

农业项目可行性服务流程步骤包括以下内容。

签订委托服务协议。了解委托方要求，明确研究项目的范围、界限、研究的内容，与委托方签订协议。

制订工作计划。完成撰写可行性研究报告各部门人员安排，制订详细工作计划。

调查研究、搜集资料和数据。对项目的主要问题进行一系列的调查收集相关信息，掌握充足翔实的数据，作为分析的基础。

方案设计与优化。对选出的方案进行详细论证；确定具体范围、估算投资费用、经营费用和收益、项目的经济分析方案设计与优化评价；通过调查研究，分析信息与资料；完成可行性研究报告。

项目评价。可行性研究必须对所选择的项目进行如下论证：在技术上是否可行；开发进度是否能达到；估算的投资费用是否包含所有合理的未预见费用；经济财务分析要评价项目在经济上是否可接受；项目资金是否可以筹措。

编写可行性研究报告。按照中国国家发展计划委员会审定实施的《投资项目可行性研究指南》的规定，编写可行性研究报告。可行性研究报告文本封面应包括项目名称、研究阶段、编制单位、出版年月并加盖单位印章。

与委托单位交换意见。根据委托单位建议和意见进行修改并提交终稿。

第8章
技术转移融资渠道与金融工具

8.1 金融体系与科技金融

中国的金融体系经历了多次改革，经过演变、深化，逐步形成了现有的框架和规模，金融市场、金融交易、金融机构、金融监管的全球化催生了科技金融的迅猛发展。

各国实践表明，中小企业在国民经济整体中的重要性与个体的弱势地位并存，其融资是一个国际性的难题。各国政府纷纷出台优惠的财税政策，为中小企业的技术创新提供资金支持。

为了形成多元化、多渠道、高效率的科技投入体系，提升中国自主创新能力，在体制上和机制上大胆创新，促进科技开发，提高科技成果转化为现实生产力的速度与效率，提高产业创新活力，通过实现科技、金融的双繁荣，进而实现建设创新型国家的战略目标。

8.1.1 我国金融体系的总体框架

金融体系是一个经济体中资金流动的基本框架。我国金融体系的总体框架分三个层次，自上而下分别为金融调控与监管体系、金融组织体系、金融市场体系。

8.1.1.1 金融调控与监管体系

我国金融业分业监管，其调控与监管体系的主要组成部分是"一行三会"。"一行"是指中国人民银行，"三会"是指中国银行业监督管理委员会（简称银监会）、中国证券监督管理委员会（简称证监会）、中国保险监督管理委员会（简称保监会）。

8.1.1.2 金融组织体系

我国金融组织体系主要分为金融机构体系和行业自律组织体系。金融机构体系包括银行类金融机构、非银行类金融机构体系；金融行业自律组织体系包括中国银行业协会、中国证券业协会、中国期货业协会、中国证券投资基金协会、中国保险行业协会、中国银行间市场交易商协会。

8.1.1.3 金融市场体系

金融市场体系由货币市场、资本市场、外汇市场和黄金市场四个部分组成。

货币市场是进行短期资金融通和借贷的市场。货币市场是典型的以机构投资者为主体的市场，其活动的主要目的是保持资金的流动性。它主要包括同业拆借市场、回购市场、票据市场、大额可转让定期存单市场等。

资本市场是进行长期资金直接融通的市场。我国资本市场包括股票市场、债券市场、基金市场等。

外汇市场是进行外汇买卖的交易场所，它是由外汇需求者、外汇供给者及买卖服务机构组成的外汇买卖场所或网络。狭义的外汇市场是指银行间的外汇交易。广义的外汇市场是指由各国中央银行、外汇银行、外汇经纪人及客户组成的外汇买卖、经营活动的总和。

黄金市场是进行黄金买卖的交易场所。我国黄金市场包括上海黄金交易所黄金业务、商业银行黄金业务和上海期货交易所黄金期货业务。

8.1.2 科技金融

8.1.2.1 科技金融的定义

"科技金融"一词，近两年使用频率比较高，但在理论上没有被严格界定。目前有许多专家学者都从不同视角对科技金融的概念和内涵进行了表述，本书采用的是《中国科技金融发展报告》一书中的版本：科技金融（Science&Technolog Finance，简称 Sci-Tech Finance）是指通过创新财政科技投入方式，引导和促进银行业、证券业、保险业金融机构及创业投资等各类资本，创新金融产品，改进服务模式，搭建服务平台，实现科技创新链条与金融资本链条的有机结合，为初创期到成熟期各发展阶段的科技企业提供融资支持和金融服务的一系列政策和制度的系统安排。

8.1.2.2 我国科技金融体系

（1）科技金融政策体系

近年来，我国科技部、发改委、财政部、国家税务总局及银监会等部门出台了诸多关于科技和金融结合的政策和措施，例如国家发改委、科技部、财政部等九部委与北京市政府联合发布的《关于中关村国家自主创新示范区建设国家科技金融创新中心的意见》、科技部连同银监会一起出台的《关于进一步加大对科技型中小企业信贷支持的指导意见》等，通过设立政府引导性资金来支持中小企业技术创新、为中小高新技术企业抵扣应纳税所得额，从不同的角度为科技金融的发展给予关注和支持，更加积极地探索构建使金融资源与科技资源互动的政策环境。

（2）科技金融服务体系

我国科技金融服务体系的主体包括企业、政府、投资机构、中介机构四大类。在系统的运作过程中，政府、投资机构与中介机构三大主体之间协调作用，合力为科技型企业提供服务。政府为促进科技企业发展提供支持和保障；融资机构如银行等金融机构为科技企业生存成长提供资金支持，中介机构如保险、证券、信托等中介结构为科技企业开展业务提供各类专业服务。与此同时，科技金融工具也不断丰富完善，从最初单一的银行贷款发展到了多层次的金融服务体系。

科技贷款

科技贷款是高新技术企业最重要的债务融资工具，其为科技开发、科技成果转化等科技活动，以及高新技术企业发展提供债务性金融支持。

根据科技贷款的供给方不同，企业取得科技贷款的渠道可以分为商业银行科技贷款、政策性银行科技贷款和民间金融科技贷款。虽然我国资本市场和创业风险投资已取得初步发展，但科技贷款在科技金融服务体系中的位置仍然非常重要。

创业资本投资

创业资本投资是指专业投资机构在承担高风险并积极控制风险的前提下，投资具有高增长潜力的创业企业，获取一定数量的企业股权，并参与企业创建和快速发展的行为。创业资本投资的特征是一种权益投资，本身无担保，流动性弱，投资周期长，追求超额高利润，且分阶段投入。

科技资本市场

资本市场本身是具有普适性的，并不特别针对某一类型或某行业的企业，但资本市场的层次性却赋予其服务于不同类型企业的特质。只有高成长性的新兴企业才有可能在未来带来高额回报以弥补其成长发展过程中因高度不确定性而形成的风险，而这类企业往往多为高新技术企业。

从更广泛的意义上讲，科技资本市场实质上是为高新技术企业提供直接融资的所有资本市场，包括部分主板市场（含中小板市场）、创业板市场及场外交易市场等。

（3）科技金融工作机制

众所周知，由于科技型中小企业存在轻资产、成长高风险等不确定性，金融机构对这些企业往往退避三舍，科技型中小企业融资难成为一个普遍的现象。为破解这一难题，我国各级科技部门和金融部门创新合作方式，建立了多层次的工作机制。

建立了部行（会）合作机制

科技部先后与中国银监会、中国证监会建立了部会合作机制，联合开展相关试点工作，为地方实施科技金融创新营造政策空间，以试点带动示范，不断完善体制，创新机制模式，加快形成高效的科技投融资体系。同时围绕提高企业自主创新能力、培育发展战略性新兴产业、支撑引领经济发展方式转变的目标，创新财政科技投入方式，探索科技资源与金融资源对接的新机制，引导社会资本积极参与自主创新，提高财政资金使用效益，加快科技成果转化，促进科技型中小企业成长。

与金融机构建立合作关系

科技金融试点工作离不开科研单位与金融机构的共同参与。科技部与国家政策性银行、部分商业银行、深圳证券交易所、中国国际金融有限公司、中国出口信用保险公司等建立了合作关系，以此来引导金融机构更好地开展科技金融工作，推动科技企业发展壮大。

与金融部门建立合作机制

地方科技部门、国家高新区积极落实科技部和金融部门（机构）有关合作部署，与地方金融部门（机构）建立区域性合作机制。例如，广东省科技厅与国家开发银行、招商银行、中国出口信用保险公司等多家金融机构的分支机构开展了全面合作；陕西省科技厅与长安银行等8家银行签署合作协议；乌鲁木齐科技局与多家银行、产权交易所和担保机构建立了银企合作平台。

8.1.3 我国金融创新发展的趋势

相对于发达国家，我国的金融创新发展起步晚，市场不够发达，制度不尽完善，诚信体系有待完善。这严重制约着我国科技与金融的发展。因此，我们应当认真学习，大胆实践，反复比较、理解和吸收国外金融创新经验，逐步探索富有中国特色的科技金融发展路径。

目前，我国的科技金融创新呈现出以下趋势。

（1）政府成为科技金融创新的重要参与者

一项科技成果一旦转化成功，将给社会带来巨大福利，所以科技金融天然具有一定的社会责任，推动科技成果转化成生产力是其重要的使命。科技的研发与产业化需要大量的人力、财力、物力的配合。由于科技型企业高风险、低资产，与现有信贷或投资标准不吻合，传统的金融产品、风险判别与控制手段无法与之适应。所以国内无论是银行、金融市场还是监管当局，对是否应该全面、大规模介入战略性新兴产业和支持科技型中小企业都持有谨慎小心的态度。因此，在科技金融的建设过程中，政府的支持与推动成为必然。

（2）加快科技银行与本土银行的创建

我国科技金融以银行为主体，强调对科技贷款的支持。我国广大科技型中小企业比较熟悉债权融资，不希望因股权融资而导致股权被稀释，加上一些其他因素的考虑，我国科技型中小企业在信贷融资方面的需求比较迫切。但是在商业银行经营过程中，为了降低风险，商业银行对中小企业的贷款比较有限，从而也限制了科技型中小企业的成长与发展。加快科技银行与本土银行的创建能有效缓解这个问题。

（3）加强科技金融服务平台建设

科技金融服务平台是针对特定区域内的科技型中小企业，以政府财政资金为引导，发挥科技综合服务优势，整合银行、担保、保险、创投等资源，通过金融产品的不断创新，为特定区域内的科技型中小企业提供一站式、个性化的融资服务平台。

科技金融服务平台建设与我国经济园区建设关系密切。各类园区中的自主创新示范区、国家级经济技术开发区、高新技术产业开发区是高新技术产业的"天然的保护屏障",加上各类园区具有先行先试的政策优势,使得园区与科技金融形成了相辅相成的关系,园区的发展促进了科技金融服务平台的功能完善,而科技金融的发展也加速了园区产业、技术的进一步升级换代。

(4)加强互联网金融的实践

互联网金融是普惠金融的重要内容。它基于信息技术,实现资金融通、支付、结算等金融相关服务,促进现有金融体系的进一步完善。

加强互联网金融的探索,有助于互联网企业的金融化和金融企业的互联网化。互联网与金融的结合使金融业如虎添翼,能最有效地解决金融服务的本质需求。它可以加速互联网企业的金融化,建立金融交易对接平台,采集金融大数据,分析征信评级,进行精准决策、营销,促进金融电子化,突破金融服务的时空限制,彻底改变传统金融服务业的服务能力。

8.2 科技金融在农业发展中的作用

8.2.1 促进农业科技创新中的作用

随着乡村振兴的全面推进,巨大的消费和投资需求被释放出来,这将成为未来中国金融业发展的蓝海。农业农村部、科技部、国家乡村振兴局等部门先后出台了多项政策,推动金融服务乡村振兴。这些政策包括服务国家粮食安全、支持农村产业发展、加大对农村建设行动的支持等,同时明确了相关政策细节,推动加快实施金融支持乡村振兴。《农业和农村社会资本投资指引》出台,明确提出了现代种子产业、农村富民产业、农产品加工流通产业、农村新型服务业、生态循环农业、农业科技创新等13个鼓励投资的重点产业和领域。

在出台的一系列政策中,财政对农业科技的支持成为一个重点。科技部联合中国农业银行印发《关于加强现代农业科技金融服务创新支撑乡村振兴战略实施的意见》强调加大对现代农业科技的信贷支持力度,支持国家科技计划项目实施和成果转化,重点支持种业科技创新。未来三年,中国农业银行将向现代农业科技和基层创新领域提供总额不低于1 000亿元的意向性信贷额度。

中国农业金融正处于快速增长阶段,这将显著促进农业科技领域的创新研究。农业科技创新需要稳定的资金支持和风险保障措施。农业金融体系的完善、金融体系的完善和金融服务项目的多元化,将最大限度地降低科技创新风险,促进科技创新向投资转化的速度。加快农业金融体系和服务体系建设,重视农业金融人才培养,有助于农业科技创新的突破和应用。

农业科技创新实力和创新成果转化是中国农业经济走向现代化的主要动力。在当前资源环境问题日益严峻的形势下,农业科技创新的步伐必须向前推进,不断将创新成果转化为生产力,才能实现农业经济的稳定增长。中国特色社会主义新农村建设的基础是不断的农业科技创新。同时,要缩短我国农村经济与发达国家农村经济的差距,归根到底还是需要科技创新。

通过对中国农业金融现状的分析,在现阶段大力推进和发展农业经济的前提下,解决农业金融发展中存在的主要问题,将极大地推动农业科技创新的发展。投融资体系提供稳定的资金保障。完善的金融机构投融资体系将通过银行、资本市场和风险投资为农业科技创新提供稳定的资金保障。在政策性农业财政投资的指导下,政府将财政投资与财政手段相结合,发挥两者的优势,既能有效增加对农业科技创新的投入,同时也能有效吸收民间资本,进一步为农业金融市场投融资体系提供充足的资金。

8.2.2 促进农业科技成果转化中的作用

科技初创企业的成功过程是艰难的,它们的需求也是多样的。在现有的法律框架和市场供给下,任何单一的金融服务产品都受到其金融产品的基本要求（如资本期限、资本成本、回报要求、风险控制体系等）的限制，往往无法完全满足企业的需要。因此，我们应该建立一个更符合科技成果转化的金融支持体系。

从实践经验来看，有必要在现有市场金融服务工具的基础上，根据企业的具体需求，制定全面的金融服务解决方案。例如，在解决方案中，风险投资基金主要集中于 A 轮和 B 轮投资，投资对象的典型特征是具有核心技术的早期项目；私募股权投资基金主要集中于 C 轮及后续投资，主要目标是具有核心技术并成长到一定规模的科技创新企业；银行信贷可结合重点科技园区的地理特点，选择合适的合作银行，在前期项目投资交付后与银行对接，按照国家政策为中小高新技术企业提供信贷和科技贷款。企业发展到一定规模后，可以进一步探索其他信用增级措施，提高企业贷款额度，解决部分流动资金需求；租赁可以依托中科院控股有限公司（以下简称"国科控股"）等国有资产系统平台，通过平台下的金融租赁机构定制租赁合作；科技保险可以为科技创新活动提供全方位的风险管理服务。

利用专业金融工具帮助科技成果转化的案例。

在科研阶段，甲公司是中国科学院某研究所的科技成果转化项目。中国科学院依托国家重大项目的需要，将先进的光学检测技术应用于半导体生产前道工艺的测量和检测，并以发展高端检测设备为产业化目标。第一台样机研制完成后，科研团队从研究所独立，成立了产业化公司。

在产业化阶段，中科院相关研究机构将对科研和项目研究过程中产生的专利、知识产权和专有技术进行评估和备案，并以无形资产的形式参股产业化公司。作为天使投资人，国科嘉和基金在甲公司成立之初就为其提供了创业资金。同时，科研团队成立了项目和运营管理团队。

成长期，甲公司在 2016 年测试设备成功进入国内某大型半导体生产龙头企业，实现订单销售，并启动新一轮股权融资。在 A 轮融资过程中，天使投资机构帮助产业化企业与风险投资机构对接，优化股权结构，为未来重点产品带来客户资源。为吸纳优秀的市场拓展和运营团队以及行业专家，并持续激励团队，机构投资者提供了强有力的支持和管理经营建议。甲公司的产品矩阵进一步丰富和完善，以满足基于光学的先进检测领域的测量和检测。同时，在商业应用方向上，涵盖了半导体和工业检测的各种应用领域。

8.2.3　农业供应链建设中的作用

近年来，随着中国乡村振兴战略和数字村庄计划的实施，特别是以大数据、云计算、区块链、物联网、人工智能为代表的金融技术与传统农村金融的融合发展，农村金融市场发展呈现新的"数字"面貌，2021 年中央"一号文件"进一步明确提出"发展农村数字普惠金融"为金融技术在传统农业供应链金融中的应用实现创新发展提供了新的机遇和政策支持。

本节重点介绍金融技术在农业供应链金融领域的应用。在揭示传统农业供应链金融的不足后，深入分析了区块链、大数据，将人工智能和物联网应用于传统农业供应链金融领域，进而提出进一步发展的建议。

8.2.3.1　传统农业供应链金融现状

（1）风险控制机制不完善

随着农业供应链转型升级带来的多产业融合发展、供应链延伸和供应链生态系统的扩张，供应链中的商业实体和相互交易将越来越多，这将形成许多新的委托代理关系，其中必然存在更多的操作风险、欺诈风险和更多的信息不对称。面对农业供应链金融中存在的一些风险，传统的管理手段和经验无法有效应对。传统金融机构、核心企业、物流公司和电商平台虽然具有强大的资金实力，但它们各自的风险控制模式往往不一致、不兼容，这是农业供应链金融所需要的资金流，物流和信息流不能及时有效地连接和比较，导致传统农业供应链金融的风险控制手段缺乏突破性创新，难以有效提高农业供应链金融服务的效率。

（2）产品和服务单一

传统的农业供应链金融只为供应链上游企业提供基于订单、应收账款等实际贸易背景的融资，大部分贷款为生产性资金。由于资金是农业供应链中企业最大的需求之一，农业供应链中的金融企业主要利用信贷产品吸引客户，抢占优质客户家庭资源。然而，即使存在激烈的市场竞争，各金融机构提供的农业供应链金融产品仍然十分相似，产品和服务同质化严重。近年来，随着农村经济的快速发展，农业产业化、规模化趋势明显，对规模更大、期限更灵活的资金需求也越来越多。然而，传统的农业供应链由于农业供应链金融在供应链中基于信用逻辑提供金融支持，风险高于其他金融产品，进一步压缩了农业供应链金融的发展空间。

（3）获客渠道狭窄

一方面，农业供应链的发起者一般是核心企业或金融机构。一般来说，在开展供应链业务时，大多数发起人都在业务地点寻找合适的合作伙伴。如果没有找到合适的合作伙伴，就很难开展农业供应链金融业务。另一方面，传统的农业供应链金融只能为企业提供贷款，不能提供其他增殖服务来增加客户的黏性，其竞争力不强。在这种情况下，只能利用地理优势的传统农业供应链的客户获取渠道变得非常单一，也很难找到匹配的客户资源，进一步制约了业务的大规模发展。

（4）多方合作难以协调

首先，银行单独发挥的作用有限。在我国金融发展过程中，商业银行始终扮演着核心角色。农业供应链金融业务的发展如果没有它们，就无法实现金融资源的优化配置。首先，银行围绕农业供应链开展的业务在其所有业务中所占比例非常低。与农业供应链应收账款闲置问题相比，其产品创新和市场份额明显不足。其次，银行无法与其他金融机构有效合作。虽然一些银行与一些小额信贷公司和数字金融平台进行了合作，但总体而言，银行与其他金融机构之间普遍缺乏信任，信息孤岛现象严重，农业供应链金融尚未获得充分发展。最后，农业企业与农户的合作大多具有短期性和松散性的特点。农业供应链容易受到违约风险的影响，常处于不稳定状态，严重的甚至导致信贷链断裂，威胁农业供应链金融系统安全。

8.2.3.2 金融技术在农业供应链金融中的应用

以大数据、云计算、区块链、物联网、人工智能为代表的金融技术飞速发展，特别是金融技术在传统农业供应链金融领域的应用，充分展示了金融技术的技术优势，有效解决了传统农业供应链金融发展中的痛点，大大提高了农业供应链金融的运作效率，已成为我国农村数字普惠金融发展的重要方向。

（1）大数据、云计算+农业供应链金融

与传统农业供应链金融仅依赖会计报表进行企业风险评估相比，大数据和云计算技术在农业供应链金融中的综合应用，不仅能够准确识别有效信息，通过模型和机器算法对结论进行量化，更加精确，也更准确地预测了链内企业的发展前景。从技术原理上看，大数据和云计算技术不仅可以绘制出农业供应链中经济活动的详细数据地图，还可以直接使用数据语言对农业供应链中的企业进行穿透式管理，从而解决信息管理中的不对称问题，弥补传统管理中的技术缺陷。在实际应用方面，苏宁易购基于数以亿计的交易数据，依托云计算技术与传统金融机构开展合作，以农业供应链中的龙头企业作为信息的担保人或提供者，为链中的经销商代理商和农户提供金融服务；新希望金融服务依托新希望集团的数据储备，建立大数据风险管理模式，从客户接入、贷前审计、贷中监控、贷后管理等方面实现全面智能化管理，为客户提供纯信用、免担保的"好养贷"产品。

（2）区块链+农业供应链金融

金融从技术原理来看，区块链是农业供应链金融发展的有力工具。首先，区块链可以有效解决票据的真实性风险。在区块链+农业供应链金融模式下，只要交易发生，其业务信息就会记录在相关主账户中。同时，农业供应链中的信息传递不会被扭曲，使得欺诈几乎不可能发生。其次，区块链有助于提高农业供应链中企业之间的互信水平。在区块链+农业供应链金融模式下，企业可以使用智能合约改善信贷协议的执行。只要交易一方履行了合同规定的责任和义务，系统将自动强制另一方履行合同，以避免信用欺诈。最后，区块链有助于提高农业供应链金融的运作效率。通过创建各种形式和更丰富的区块链应用场景，农业供应链的所有参与者将能够获得真实有效的经济活动数据，完成农业供应链内的资本交易和业务交付，提高交易的准确性和效率。在实践中，新希望惠农（天津）科技有限公司（以下简称"希望金融"）通过区块链技术的应用，建立了更加规范的农业供应链业务模式，提高了农业供应链系统平台的开放性，实现了全过程的风险控制，有效避免了人为欺诈和投机行为。截至 2020 年 10 月 31 日，希望金融累计贷款金额 118.35 亿元，借款人超过 3.8 万人，贷款逾期率和坏账率均低于 0.1%，有效服务实体经济和乡村振兴。河南天翔面粉实业有限公司以物联网应用和区块链前沿技术为基础，以产业链深度整合应用场景为切入点，打造国内首个"区块链+金融服务+粮食"平台——"优粮优信"。该农业供应链金融服务平台可以生成标准的电子仓单。具有智能合同应用、多方账本共享、业务数据凭证存储、粮食质量追溯等功能。可实现数字资产的风险管理、资产监管和可视化显示。整个过程公开透明，反担保措施简单有效。

（3）物联网+农业供应链金融

所谓物联网，是指在传统互联网的基础上，利用射频识别、红外感应、激光扫描等技术，将物流、资金流、信息流融为一体，实现人、机、物互联的虚拟网络。从技术原理上看，基于物联网技术的农业供应链管理系统，可以随时随地对供应链中的企业商品进行实时监控，实现从土壤养护到温室栽培的一体化发展，从加工包装到冷链配送，从网上销售到自主订购，大大提高了农业供应链管理的效率和灵活性，优化了企业资源配置，有效减少了物资的非法转移，从而大大降低了农业供应链的融资风险。在实践中，农信互联科技有限公司做了有益的尝试。公司隶属于大北农业集团，依托大北农业集团的资源优势，综合利用互联网、物联网、云计算、大数据等多种技术，探索形成了包含"农业大数据、农业交易、农村金融服务"农业供应链金融新模式。在这种模式下，运营中心可根据物联网记录的养殖户生产经营环节的大数据、在线销售生猪情况的大数据等数据在线生成的信用分筛选潜在贷款客户。

（4）人工智能+农业供应链金融

在技术原理上，物联网、大数据、云计算等技术的广泛应用是人工智能在农业供应链金融领域发挥作用的基础。人工智能+物联网+大数据+云计算+农业供应链可以形成具有自主学习能力的农业供应链，使农业供应链能够自我管理。在这种多技术叠加的农业供应链金融模式中，放置在农业供应链各个环节的激光扫描仪或传感器将自动采集相关主体的各种信息，并不断将各种数据传输到云服务器。最后，通过人工智能对这些数据进行分析和处理，找到贷款人，为金融机构提供贷款，控制贷款风险提供依据。2019 年，美国 Taulia 公司推出了基于人工智能技术的供应链金融的现金预测工具。通过对更多数据的处理和分析，该工具可以有效识别未审核的发票和采购订单在持续积累过程中的风险，从而实现更多的农产品发货和采购订单融资。

目前，金融技术与农业供应链金融融合创新的一个基本趋势是多种金融技术的综合应用，形成更强的优势，解决传统农业供应链金融的痛点。

8.3　科技成果融资方式及模式

技术转移并非技术在不同国家或者不同系统、不同组织之间的简单置换过程，而是一项非常复杂的系统工程。资金是技术转移中最为关键的辅助要素之一，资金短缺问题也是目前中国技术转移尤其是纵向技术转移中的最大限制因素之一。因此，积极探索高效的科技成果转化融资方式很有现实意义。

8.3.1 科技成果常用融资方式

破解中国技术转移的困局，需要确立激励创新的产权制度和形成竞争性环境的市场制度。实践表明：研发、小试中试、产业化三个阶段的经费投入比例大致为 1：10：100。其中研发费用可以借助各种课题经费来支持，产业化部分有企业来支持，唯有小试中试阶段的资金支持往往出现缺失，这也是目前技术转移中的瓶颈问题之一，或者我们通常所说的技术转移中的所谓"死亡之谷"。

研究院所通常没有这么多资金支持小试中试，往往是通过技术入股的形式参与其中；企业则由于这一阶段技术具有较大的不确定性而不愿意贸然投资；政府也不可能过深地介入其中，将所需的经费完全承担下来。因此，这就造成了小试、中试阶段资金支持的缺失。

除了资金总量匮乏以外，目前中国金融融资体系的不完善、财政金融体制的效率低下也是造成小试、中试阶段资金短缺的主要因素。实践表明：企业自筹资金或者国家财政投入难以承担高投入、高风险的技术转移项目。因此，我国应尽快建立多渠道的社会资金配置机制，大力发展风险投资和科技银行，建立以财政为导向、企业为主体的多渠道、多层次的投融资机制，鼓励、引导民间资金积极投资科技成果使之快速产业化。

（1）内部融资

科研经费是一些企业、高校、科研院所等机构能获得资金的最直接、最稳定的来源，特别是能够承担国家或地方重点课题、项目的机构，科研经费的数额能够保证科技研发的快速、稳健推进。近年来，随着国家科技投入的逐渐增加，科研经费无论从种类，还是从单笔的数额上都有了很大的增长。

自有资金是企业、高校、科研院所等机构在科技成果转化之前，自身拥有的或可以获得的资金，包括原始投入、经营收益和内部集资等。自有资金是科技成果转化中最原始的资金获得方式；它相对数额较少，多数情况下无法实现可持续融资。

（2）外部融资

外部融资主要包括银行贷款、风险投资、发行债券、上市融资这四种方式。

银行贷款是指银行按法定的利率，在一定期限内，把货币资本提供给资金需求者，获取贷款利息的一种经营活动。这种融资方式利率较高，对经营实体考核严格，要求有足够的担保。对于没有足够质押担保物，无法产生稳定、足够现金流的经济实体，它并不是一种较易获得资金的途径。

风险投资是指投资人将资金投向刚成立或快速成长的高科技企业。投资者在承担高风险的同时，为企业提供股权资本和增值服务。投资者通过企业上市交易、并购和其他股权转让等方式，获得高额投资回报。目前，我国的风险投资行业本身尚未成熟，国内多数企业并不希望通过这种方式，与他人分享企业成长带来的股权收益。

发行债券是指以银行为中介直接从拥有闲置资金的人手中筹集资金的方式。具有融资额度大、可锁定长期成本、树立企业良好形象等优点，但同时对企业的净资产、利润、债务等经营情况和信用情况有着严格的要求。

上市融资是指企业在证券市场上，以发行股票的方式，吸收投资者资金的一种融资方式。上市融资不仅能够一次性获得较大资金，而且能够通过上市在科技成果转化前期吸引其他股权投资。但是，上市融资对于企业来说是锦上添花，并不能解决科技成果转化前期对资金的紧迫需要。

8.3.2 科技成果创新融资模式

（1）天使投资

天使资本是个人或非正式风险投资机构对原始技术项目和初创企业的一次性早期投资。天使投资是一种风险投资，但大部分资金来自私人资本，而不是专业的风险投资机构。天使投资的门槛很低。

有时，即使是一个创业构思，只要有市场前景，也可能获得资金。

近年来，我国风险投资业取得了长足发展，在促进科技创新、高新技术产业升级和科技成果转化等方面发挥了重要作用。它已成为实施创新驱动发展战略、转变经济发展方式的有效途径。

（2）创业风险投资

创业风险投资又称"风险投资"，它在形式上更有组织、更具中介地位。一般而言，创业风险投资是指由职业金融家对新兴的、迅速发展的、蕴藏着巨大竞争潜力的企业的一种无担保权益性投资。其基本特征为投资周期长，一般为 3~7 年。除资金投入外，投资者还向投资对象提供管理、运营等方面的咨询和帮助。创业风险资本家通过股权转让方式获取投资回报。创业风险投资的发展能更好地推动企业的快速成长。

近年来，我国创业风险投资行业获得了长足发展，在推动科技创新、高新技术产业升级以及科技成果转化等方面发挥了重要作用，成为实施创新驱动发展战略、转变经济发展方式的一条有效途径。

在中央和地方加快发展创业风险投资引导基金，支持科技成果转化和科技型中小企业发展的大背景下，2013 年中国创业风险投资行业发展势头良好，创业投资机构数量及管理资本总量均有上升。2013 年，国内创业风险投资机构达 1 408 家，较 2012 年增加 225 家，增幅 19%；创业投资管理资本总量达到 3 573.9 亿元，增幅 7.9%。投资重心相比 2012 年有所前移，呈现前端化和早期化趋势，首轮投资仍占主导地位，但后续投资的比例不断上升。

美国由于创业风险资本投资了高新技术产业化的早期阶段，使得科研成果转化成为商品的周期已由 20 年缩短为 10 年左右。近年来，为了规避风险，无论是美国还是中国的创业风险投资机构都逐渐出现了投资阶段后移的趋势，这时期企业发展前景和成长趋势逐步明朗化，创业风险投资更为稳健。

（3）科技保险

2012 年科技保险由保监会首先提出。狭义的科技保险是用金融手段推动科技创新的一种全新的服务模式，它服务于科技创新的任何一个阶段。其实质就是为研究开发、科技成果转化、科技产业发展等过程提供保障，分担由于内部条件的局限和诸多不确定外部因素而导致科技创新和发展活动失败、中止、达不到预期目标的风险而设置的保险。广义的科技保险除了包括对科技创新活动中的各个阶段的保险，还包括对科技金融工具及衍生产品的保险及再保险等。例如，对科技贷款的保险及再保险，以及对资产证券化的保险及再保险。

多年来，在保监会、科技部、地方政府和保险机构共同协调配合、积极探索下，科技保险从无到有、从试点到推开，进一步扩大了保险服务领域，增强了企业科技成果转化能力，为企业所拥有的知识产权及技术专利等无形资产提供了全方位的保障，促进了科技型中小企业的健康成长。

科技保险的特点：它是准公共产品；政府占主导地位，商业性和政策性相结合；其风险的复杂性和不确定性；风险不完全满足大数原则，缺乏足够大量的风险标的；科技保险针对科技风险，而科技风险存在于科技活动的各个阶段，因此科技保险的适用性很广，在每个阶段都可以发挥科技保险的作用。科技保险不像天使投资、科技贷款等需要经过较严格的筛选，只要符合保险公司的可保条件，按时缴纳保费就能得到保障，灵活性较强。

保险机构根据技术创新中企业的特点，开发适合技术创新和成果熟化阶段的保险产品，积累科技保险相关风险数据，合理确定保险费率。国家出台系列政策，明确科技保费支出纳入企业技术开发费用，享受相关税收优惠政策，在企业所得税税前按 150% 加计扣除，调动科技型中小企业投保的积极性。同时协调地方出台配套的财税支持政策，支持科技保险的业务发展。

2012 年 11 月苏州成立了全国第一家科技保险专营机构，配备专业化的工作团队，专门经营和管理苏州地区的科技保险业务及科技金融产品创新工作。同年 10 月，该机构实现保费收入近 1 000 万元，累计为苏州科技企业提供高达 45 亿元的风险保障，为科技型中小企业降低风险损失、实现稳健经营提供了有力支持。

（4）产权质押融资

产权是经济所有制关系的法律表现形式。在市场经济条件下，产权具有经济实体性、可分离性和可独立流动等属性。它拥有激励功能、约束功能、资源配置功能和协调功能。产权常被分为有形资产产权和无形资产产权。科技成果的产权通常被界定在无形资产产权的范畴。因此，其产权融资方式一般视同为用企业或个人的科技成果来融资。

知识产权质押融资涉及面广、环节多，需要得到多方支持与合作，是一项新的科技服务业务。国内开展的知识产权质押贷款绝大多数属于企业知识产权融资服务范围。

知识产权融资国内目前有三种模式。

知识产权质押贷款。江苏省技术产权交易所 2006 年开创了国内首笔无资产抵押、无第三方担保的知识产权质押贷款业务，将企业 5 项软件产品著作权在国家知识产权局进行登记质押于南京银行名下，作为贷款担保，获得了南京银行商业贷款 200 万元。

知识产权+银行+信用担保公司+创投公司。2006 年前后，上海、北京、天津、成都等地积极制定相关政策，设立创业投资风险补助基金，建立高新区的政策性担保公司，整合了以本地科技银行资源，对接当地兴业银行、交通银行、招商银行等商业银行，使中小企业知识产权投融资服务得到进一步改善，带动了本地区的经济快速发展。

科技金融服务平台。武汉、苏州等地地方政府纷纷出资建立以创投公司、科技担保有限公司、小额贷款公司为主的科技金融投资担保服务平台，在科技型中小企业密集的高新区内，为本地科技型中小企业的技术成果提供多层次的融资服务，有效改善区域内的融资环境。

自 2008 年开始，武汉市设立了武汉科技创业投资引导基金，总额为 1 亿元，首期 5 000 万元。通过阶段参股和跟进投资两种形式，扶持商业性创投机构的设立与发展，引导社会资金投资中小科技企业。

为缓解自身信用不足又无信用记录的企业担保难、贷款难的问题，武汉市利用每年 5 亿元的银行授信额度，支持科技型企业进行研发和成果转化，拓宽了科技型企业的间接融资渠道。为解决初创企业贷款"两高一长"的问题，武汉市政府与工商银行、交通银行、浦发银行、汉口银行等银行合作，设立市区孵化共同担保资金，通过杠杆放大信贷额度，为拥有自主知识产权的在孵企业提供所需的流动资金贷款。

目前，国内知识产权的变更手续集中在国家知识产权局办理，没有下放到地方。这使得开展知识产权质押贷款增加了难度。此外，该业务主动权掌握在银行手里，对于知识产权的处置、信贷风险控制，银行的经验和业务积累能力跟不上市场的需要，制约了科技成果的产权融资。

（5）金融租赁

近三年来，国内金融租赁业务发展迅速。一些科技成果可以通过融资租赁的方式融资实现资金融通。所谓金融租赁，是指出租人根据承租人的要求和双方事先约定，向承租人指定的卖方购买承租人指定的设备。在出租人拥有设备所有权的前提下，在承租人支付租金的条件下，出租人将设备的占有权、使用权和收益权转让给承租人一段时间。

金融租赁具有融物和融资的双重功能。可分为直接金融租赁、经营租赁和出售回租三种模式。

金融租赁涉及三方，需要签订两份或两份以上的经济合同。这不仅要求出租人与承租人签订租赁合同，还要求出租人与供应商签订供应合同。特殊情况下，需要签订其他经济合同。承租人应负责设备的质量、规格、数量和技术验证与验收。租赁设备的所有权应当与使用权相分离。在租赁合同期间，租赁物的所有权属于出租人。承租人在合同期限内支付租金时，方可取得租赁物的使用权。

金融租赁是一种融资与融资相结合的交易。承租人应当分期支付租金，以支付本金和利息。金融租赁是一种信用形式，要求承租人按照合同约定分期支付租金，以保证出租人在租赁期内收回所购设备价款、应收利息及相关利润。

金融租赁合同一经签订，不得随意撤销。承租人应负责设备在租赁期内的维护、维修、保险和过时风险。租赁期满后，处理设备通常有三种选择：续租、保留和收回。选择方法通常将在合同中说明。

8.4　农业科技供应链金融

8.4.1　银行业务

8.4.1.1　银行业务现状

科技金融这一热点话题得到了越来越多国内外专家学者的关注，国内关于科技金融的研究在近些年也呈现出井喷式的发展。科技型企业想要发展，必然离不开金融的支持，银行首当其冲成为其最大的依赖，然而企业因为其自身主体的特殊性必然会使银行在支持的过程中存在着一定的风险，因此如何做好风险控制管理工作成为金融支持科技型企业最重要的工作之一。

科技金融业务的发展更是在指标压力的情况下而缺少自发性和主动性，对于风险控制的经验仅仅是借鉴于传统信贷业务的风控经验和总行的指导，基层员工对于科技金融的了解更是寥寥无几。

学习金融服务在人工智能、区块链、大数据等方面的技术应用，整合数据资源，搭建"技术+场景"式的科技金融平台，使之成为面向未来的新商业底层架构。

目前，商业银行的发展面临着严峻的经营形势和外部环境：宏观调控力度不断加强，《巴塞尔协议三》的出台导致资本限制收紧，营销进程加快。利率市场化、地方融资平台风险防控和严格的贷存管理，对商业银行依靠信贷快速增长的传统业务模式产生了巨大冲击。商业银行迫切需要改变经营战略。供应链金融作为一种中间业务项目，已经引起了越来越多商业银行的关注。

8.4.1.2　银行业务中存在的问题及对策

（1）新时期我国商业银行可持续发展的困境

目标市场不明确，未来发展方向不明确。服务实体经济是我国商业银行成立之初的基本目标。然而，许多商业银行并不总是为了自身利益而坚持自己的目标，从而失去了原有的优势和特色。为了实现资源的优化配置，商业银行的可持续发展应利用自身优势，确定具体业务项目、客户和产品的市场定位。目前，商业银行已逐步建立起市场细分体系，但细分不足。同时，客户目标和产品目标没有明确的方向，导致银行客户和银行产品缺乏个性。面对利率市场化导致存贷利差缩小、金融机构间竞争日趋激烈的局面，商业银行如何确定目标市场，准确定位市场发展战略，是其可持续发展的重中之重。

持续盈利能力不足，不良资产大幅增加。盈利能力作为核心指标，是商业银行作为专业金融机构竞争力的主要体现。中国加入世贸组织，导致大量外资银行进入中国金融市场。中国的商业银行不仅要经受住国内的竞争，还要面对外资银行的挑战。在经济不景气的背景下，银行贷款数量的减少导致银行资产增长率大幅下降，限制了银行资产的扩张。行业竞争的加剧和央行利率的逐年下调，直接导致商业银行利率大幅下滑，极大地影响了商业银行的盈利能力。近年来，由于国内宏观经济增长放缓和供给侧调整，商业银行问题资产迅速增加，不良利率持续上升。一些企业不能适应市场经济的快速发展，自身竞争力不强，技术含量低，销售形势不容乐观，导致预期的信贷收入无法实现，贷款本息无法偿还。因此，造成商业银行的不良贷款数量也在增加。

银行中间业务金融产品开发的先进性和创新性严重不足。西方商业银行发展现代金融业务的标志是中间业务产品的不断创新和快速发展。这是因为创新中间业务产品提供的多元化金融服务适应了国家宏观经济发展的需要，促进了经济发展。同时，中间业务创新产品的开发也避免了银行业务的资金限制，产生了稳定的收入，降低了商业活动的风险。目前，我国商业银行长期以来受到传统管理理论的直接影响，其工作主要集中在发展存贷款业务上。近年来逐步实施的产品项目创新主要涉及房地产抵押业务和消费金融业务。中间金融业务仅被视为"衍生业务"和"辅助服务"，没有专门的研发和投资。它甚至从未被视为银行新的收入增长点，也从未被视为银行扭亏为盈、防范金融风险的有效途径。

（2）开展供应链金融业务为商业银行带来的变革

供应链是一个整体链条和流程的总和，包括原始端的原材料供应商到中间产品生产商到最终端的产品销售商，通过链条上各环节企业密切合作，信息共享，为顾客提供满意的产品和服务，进而带动供应链所有成员企业共同增值化发展。近年来供应链管理的主流思想是把供应商、核心客户、零售商及与其他组织看作一个整体，强化参与方合作关系从而达到创造竞争优势的目的。

对商业银行营销管理方式方法的变革。从单一营销模式到大规模营销，商业银行通过设置产品经理和风险经理等岗位建立专门的行业营销团队，并制订了一系列专门行业营销计划方案。通过开发专门的业务系统来提升银行自身的专业水平和竞争力，来适应不断变化的金融行业规则与发展模式。商业银行以供应链金融为主要交易机会，充分体现其自身具备的灵活信贷管理能力，为企业提供全面的金融服务方案。具体包括"传统信贷产品+金融供应链方案+现金管理服务+国际贸易金融服务+投资银行产品"等的综合解决方案。

对风险实现全过程管理的变革。供应链金融强化了对风险全过程管理的关注。在具体业务开展中，商业银行的风险管理主要包括流程风险、信用风险和法律风险。之前，商业银行主要习惯于关注信用和法律风险，但对流程风险却没有给予足够重视。供应链金融是一个全过程多环节的集合链。全过程主要包括风险迁移，方案制定、中心控制、风险预警等多个流程环节。开展供应链金融业务可以实现对风险全过程管理。

对客户实现合作伙伴式管理的变革。供应链金融可以更加清晰化可选择目标客户群体的特征。供应链金融的目标客户定位相对明确，整个链条由核心企业、供应商、制造商、零售商、分销商以及最终用户等共同组成。这些供应链中的企业所具有的一个共同特征是它们依赖于和供应链中核心大型企业信用的捆绑。而商业银行可以通过对整个供应链中企业给予集体授信的手段加强链条中所有企业之间的关联性、互动性与依存性，从而改变了商业银行之前需要对链上企业按照维度进行分层分类管理的复杂管理方式。通过此方法，商业银行确定目标行业后，行业中目标客户的特征就会变得更加清晰。合作领域中商业银行和第三方业务合作伙伴从简单合伙关系逐渐成为合作伙伴式关系。

（3）商业银行发展供应链金融业务中的重要作用和意义

有利于降低企业的融资风险和商业银行的贷款风险。商业银行通过现金流和物流的双向调节，控制股权证和融资资金的封闭运作，使风险监控直接渗透到公司业务发展中，有助于动态把握风险。同时，在一定程度上实现了企业融资主体与银行对客户的直接金融支持之间的风险隔离，或保证客户在相关经济活动中对第三方的信用。关注企业的实际交易背景，银行更注重其连续性和真实性。商业银行考虑到信用记录、交易对手、违约成本、贷款管理以及企业间的具体操作等具体因素，将企业的直接收入定义为偿还银行融资的直接还款来源。同时，通过严格将融资周期与企业的交易周期相匹配，保证资金不被挪用，降低贷款风险。

解决中小企业融资难问题，降低中小企业贷款门槛。位于供应链核心企业上下游的中小企业由于无法提供足够的抵押和质押担保，风险承受能力较弱，难以获得融资支持。在供应链金融模式下，商业银行可以逐步弱化对企业的分析和信用控制，着重关注企业的各项业务交易。在融资方面，商业银行应重点审查单个贷款交易的实际背景和公司的历史信用状况。采用封闭式基金运作模式，确保企业每次实际业务发生后产生的交易资金快速返还，降低贷款风险。因此，可以考虑一些财务指标不符合商业银行贷款标准的企业可以通过实际交易业务获得银行贷款。通过这种方法，中小企业的利润指标得到了极大的改善和提高，规模经济现象开始出现。同时，供应链两端的弱势小企业通过链中核心大企业的支持，从商业银行获得贷款资金，维持采购、生产、销售的全过程，确保产业链的稳定运行。在供应链金融服务中，商业银行可以约束大企业与中小企业之间的借贷关系，使大企业承担连带责任。如果中小企业不能及时偿还银行贷款，将直接影响其与大企业的贸易合作关系，损害其在金融供应链中的长期声誉，并间接制约和强化中小企业的还款意愿。

提高商业银行对企业的信用能力，降低了信用风险。核心大企业与供应链中的中小企业有长期的贸易合作。大企业不仅要了解中小企业在供应链中的信用状况、生存能力和实际发展情况，还要通过选择订单和分销渠道直接控制中小企业的可持续生存和发展。商业银行可以通过大型企业对其供应链中其他企业的了解以及对其他企业未来还款能力的评估，将对供应链中其他企业的授信通过大企业的担保转换为对供应链中核心大企业的授信。商业银行以应收账款、应付账款和存货为融资基础，具有可靠的贸易背景，与一般贷款风险相比，商业银行具有低风险、易开展业务的特点。改善银行信贷结构，减少不良资产余额，降低风险资产规模，改善盈利结构和盈利模式，增加商业银行非利息收入，有利于保持银行快速、持续、稳定的发展。

有助于商业银行扩大客户群，并获得新的利润增长点。商业银行专注于支持金融服务供应链中的核心企业。中小企业通过供应链中核心大企业的支持，从商业银行获得金融服务。商业银行为上游企业提供"打包"解决方案，这些解决方案为供应链中的所有企业提供合作切入点和新的发展渠道，以保持高端客户群的可持续性。银行通过为供应链各个环节的多家企业提供有针对性的金融产品和服务，直接降低整体运营成本。同时，通过推动存款和非利息收入等其他利润指标的持续改善来扩大客户群。最重要的是，国内外商业银行供应链金融业务的不断发展表明，供应链金融业务的收入远高于传统业务收益，商业银行利润的新增长点已被供应链金融业务所取代。

8.4.2 农业保险业务

8.4.2.1 农业保险现状

农业保险是一种有效规避农业风险的手段，在转移分散农业风险、稳定农民收入以及灾后恢复生产等方面发挥了重要作用，也是一种重要的农业风险管理工具，同时也能改善农村金融市场环境。所谓的农业保险有广义和狭义之分。狭义的农业保险仅指种植业（农作物、林木和养殖业畜牧、水产养殖）保险，保险人为农业生产者在从事种植业和养殖业生产和初加工过程中，遭受自然灾害或者意外事故所造成的损失提供经济补偿。广义农业保险在狭义的农业保险的基础上还包括从事广义农业生产的劳动力及其家属的人身保险和农场上的其他物质财产的保险。农业保险作为现代保险的一个重要分支，与其他的保险一样具有经济补偿、风险管理、资金融通和社会管理四大功能。

我国从2007年开始进行政策性农业保险试点工作，目前经过十几年的发展，业务规模不断扩大，业务体系不断完善，在促进我国农业现代化发展，保障国家粮食安全以及脱贫攻坚、乡村振兴当中都扮演了重要角色。

农业保险了解农户和农村企业的信用状况，利于信贷资金的顺利获得，具有一般保险的基本特征，既可以帮助农户减少农业生产风险损失的不确定性，也能推动农村金融市场的发展，具体表现在：一是在稳定农业生产的同时增强了农户还贷的能力；二是降低了信息不对称的现象而改善农村信用的环境；三是推动了农村现代化进程同时也促进了农村金融市场的发展；四是通过合理设计农业保险方案会帮助农户降低技术采用带来的不确定性，增强技术采用意愿，促进技术推广。

8.4.2.2 农业保险分类

目前我国农业保险按照保障程度可以划分为成本保险、产量保险或产值保险以及收入保险。

成本保险是指以生产投入的物化成本为标准，确定保险金额的农业保险，通常根据农作物生长周期的不同，成本保险的保额采取变动保额的方式进行。

产量保险或产值保险是以生产产出为标准确定保险金额的农业保险，生产产出可以是产量也可以是产值，但都需要在农作物长周期结束后才能最终确定，因此，产量或产值保险一般采用定额保险的方式进行计算，按照正常产量的一定比例进行承保，以防止道德风险的发生。

收入保险是指以历年农业生产的平均收入水平为标准，确定保险金额的农业保险，同时考虑了产量和价格风险，对于农户来说是一种较为全面的风险保障。

8.4.2.3 我国农业保险发挥的作用

农业保险作为一种不同于商业性保险的政策性保险，具有危险处理财务手段和收入转移政策途径两种功能。首先，农业保险是管理农业非系统性风险的重要金融工具，可以有效帮助农户分散农业生产风险，并提供灾后损失补偿；其次，政府对农业保险给予一定的补贴，也是对农民进行有效收入转移的途径。

目前对于农业保险发挥的作用，可以从宏观和微观两个方面进行分析。

宏观上，农业保险首先有助于增强粮食安全、保护农业发展，在发生农业灾害损失后，快速帮助农户恢复生产，降低农业风险对农业生产造成的损失，保障国家粮食安全，同时保障农业产业持续健康发展。其次，农业保险有助于促进农村金融发展，现行的信用制度下，农业生产周期长，农业设备无法作为抵押物，同时农户资信条件差，造成农民贷款困难的局面，严重制约了农村金融的快速发展，农业保险可以通过"保险+信贷"的方式，对借款人的农业生产提供保险保障，帮助农户提高信用水平，降低贷款的风险，解决贷款难题。再次，农业保险有助于实现国民收入再分配，促进各部门经济快速发展，农业保险的收入再分配作用一方面体现在受灾农民和非受灾农民、受灾地区和非受灾地区之间，另一方面体现在农业部门和非农业部门之间。农业作为国民经济中的基础产业，其稳定发展对整个国民经济具有乘数效应。最后，农业保险有助于发挥资金杠杆的放大效应，缩小农村贫富差距，农业保险作为风险管理的金融工具，将灾后救济转变为事前安排，充分发挥保险在风险保障方面的资金杠杆放大效应，调动更多的资源参与农业风险管理，同时农业保险保费补贴的收入转移，在一定程度上也可以缩小农村居民之间的贫富差距。

微观上，农业保险有助于帮助遭受损失的农户快速恢复生产，提高农户的中粮积极性，稳定农民收入；同时农业保险有利于促进农业新技术的应用，减少农户对技术风险的预期，增强农户农业抗风险能力，帮助农户增强技术采用信心，有利于农业技术应用与扩散。

农业产业的健康发展是我国经济发展的基础，也是保持我国社会稳定的重要基石。由于农业生产极易受到自然灾害的影响，因此农业产业的脆弱性较强，随着农业保险的作用不断增强，农业保险能否影响农业绿色生产也逐渐成为众多学者讨论的焦点。在此背景下，研究农业保险对农户高质高效农业技术采用意愿的影响，对促进农业保险的发展，以及高质高效农业技术的推广具有重要意义。

8.4.2.4 农业保险业务中存在的问题及对策

（1）农业保险业务中存在的问题

运行效率低、各方积极性不高。一是本质上商业保险公司主要为了追逐商业利益，并非为"三农"的发展谋取利益，同时我国又是自然灾害多发国，自然灾害覆盖面大，影响大，发生率高，农业保险征保难度大，成本高，很多商业保险公司不愿意开展此方面业务。二是农业保险费率相对较高，对于农民来说不愿意承担这部分保费，更愿意靠天吃饭。

农业保险意识薄弱，保险业务开展困难。农业保险是国家一项惠农政策，但农民的参保意愿不强，农业保险发展面临巨大阻碍。目前农业保险主要是以低成本换低保障，定位于对农民生产成本的理赔。但事实是农业保险难以推广，农民参与度不高，保险意识不强，不愿意花钱买保险。他们认为，农业保险在风调雨顺的时候等于白交钱，他们并没有认识到农业保险能够分散风险、稳定生产，提高风险能力。

农业保险险种相对较少，覆盖面窄。近几年，随着乡村振兴战略的实施，普惠金融深入到"三农"，农业保险也发展迅速，但报销种类和保险规模仍然难以满足广大农民、农村的需求。而且许多偏远农村的小规模种养殖业不能纳入保险当中去，以至于灾害发生后，不能得到损失补偿，影响农户的继续再生产。

（2）农业保险业务发展建议

完善农业保险制度，增强农民投保意识，促进高质高效农业技术有效扩散。一是加强宣传教育，促使农业保险和高质高效农业技术的正效应深入人心。我国大部分农户对农业保险以及农业技术的作用还不够清晰，要积极开展宣传教育活动，一方面让农户充分熟悉农业保险的功能、保障作用；另一方面让农户对高质高效的农业技术的认知进一步提升，增强农户环境保护的意识，让农户感受到国家对发展绿色农业和农业保险的态度。二是探索农业保险+高质高效农业技术的新模式，推动农业技术的扩散。要针对不同作物品种、不同种植区域以及不同种类农户的特点，开发农业保险+高质高效农业技术产品及模式，以适应不同农户对技术风险的保障需求。三是完善农业保险保费补贴政策，加强农业保险在农业生产管理中的作用。加大财政资金向鼓励高质高效农业技术的农业保险倾斜，提高该类保险的保障额度和覆盖面。

建立高质高效的农业技术教育与培训体系。各地区结合本地区农业生产情况，开展有针对性的高质高效农业技术培训，一方面要普及高质高效农业技术的一般知识，另一方面要针对农户在采用高质高效农业技术进行农业生产时所遇到的技术问题进行有效的解决。一是建立多渠道、多层次、多形式的高质高效农业技术培训，通过图片资料、办点示范以及田间课堂等形式，切实保障高质高效农业技术有效的信息传播。二是充分发挥农村大众传媒的优势，广泛宣传高质高效农业技术的优点，让家家户户都了解高质高效农业技术的正效应，提高农户对高质高效农业技术的认知。

加大种植、养殖大户的扶持力度，创新有助于大户的农险新品种。随着农业发展水平的不断提高，现阶段我国农户的逐渐分化导致了异质类农户对技术需求的不同。种植规模大的农户对技术需求的层次更高，主要表现为对技术效果和适用范围两方面。一是要出台相关的环境友好型农业技术推广方案和相关政策，增强大规模农户技术采用的信心。二是要采取灵活的技术指导和培训方式，可以借助计算机、互联网等技术手段，为大规模农户提供及时和实用的技术指导，以提升农户对于技术的了解和掌握程度。创新有助于大户经营的农业保险品种，进一步帮助大规模农户提高风险应对能力，以及灾后恢复能力，提高大户种粮积极性，进一步保障粮食安全。

8.4.3　农业担保业务

8.4.3.1　农业信贷担保现状

农业信贷主要指涉及农业活动的信贷行为，包括广义和狭义两种理解。广义上认为农业信贷是指金融机构或者其他资金供给者向涉及农业活动各个环节投放资金的过程。狭义的农业信贷是指金融机构或其他资金供给者将资金投放到农业生产的过程。

农业信贷担保（以下简称"农担"）是将商业金融机构与农业生产活动进行连接，是新型现代农业金融服务的重要形式。农村金融机构服务体系还不完善，逐利性的特点使得金融机构陷入想放贷又不敢放贷的两难局面，国家鼓励各地区建立完善的农业信贷担保体系，通过构建农业信贷担保体系，可以有效缓解农业发展资金供求不均衡的问题，解决农业经营主体"贷款难"和金融机构"放贷难"的现实问题，为实现农业的现代化发展创造条件。

通过构建农业信贷担保体系为农业经营主体提供担保，使金融机构更愿意将资金注入到农村，为农民服务，从而实现多方利益的最大化。有利于促进农业的现代化发展。传统农业发展过程中，农民难以获得担保，农户只能进行小规模的农业生产，经济效益较低。通过引入信贷担保体系可以帮助一些种植大户、农业生产龙头企业获得资金支持，实现规模化生产，大大提高农户进行农业生产的经济效益，农民的收入增加，进而促进农村的发展。

国家农业信贷担保体系是一种政策性金融工具，具有"金融+金融""政府+市场"的特点。这是一项支持农业的创新，旨在扩大财政支持对农业的影响，提高财政支持农业的使用，解决农业和农村发展中的"财政困难"和"昂贵的资金"。对完善各省市的金融服务体系具有一定推动性。

2016 年 5 月，国家农业信贷担保联盟有限责任公司（简称"国家农担公司"）成立，加上全国范围内 33 个省级农业信贷担保公司，我国全国政策性农业担保体系初具规模。2017 年，"中央一号文件"明确提出"建立健全全国农业信贷担保体系"，"农业信贷担保体系"的建立和健全成为解决农村金融供给不足的一项重要措施。

当前，我国农担体系已初步建成并步入良性发展轨道，农业企业、农民合作社、家庭农场、专业大户等新型农业经营主体是农担最重要的服务对象。

8.4.3.2 农业信贷担保分类及比较

根据不同主体需要，我国目前的担保机构主要分为三大类：政策性担保机构、商业性担保机构以及互助性担保机构。

三种信贷担保模式的比较分析

比较指标	政策担保	商业性担保	互助性担保
发展目标	以国家政策为导向，扶持农业生产向现代化转型	为农业生产提供大额担保，实现机构利益最大化	为组织成员提供担保服务，解决小规模农业生产的资金需求
担保资金	政府出资，小比例地吸收社会资本	股东参股加部分的政府补助	组织成员参股资金加少部分政府资金补偿
组织结构	政府控制的国有公司	种植大户、龙头企业以及较富裕的农民建立的企业组织	自愿加入组织农户或者企业形成组织会员
担保对象	为粮食适度规模经营主体提供贷款担保	数额较大的农业性贷款以及政策性和互助性没有涉及领域的担保	为组织机构中的成员提供担保
优势	政府出资有保证，资金充裕，政策支持担保费用低	市场化运作实现持续化发展，担保金额大，操作专业化，信息审查严格风险低	信息优势、操作灵活，不以营利为目的
劣势	信息不对称，易受行政干预而缺乏效率	只适用于农村经济发达的地区，对信用环境依赖较大	担保额度较小

8.4.3.3 农业信贷担保的风险管理

风险管理是指在现代企业中如何将业务或者是经营风险降到最低的一种管理进程。风险管理首先是要对风险进行一个识别，并对风险进行判断及分析，其次根据判断和分析选择最优的方案方法，有针对性的去解决风险，从而做到将风险降至最低的管理方式。风险管理包含风险补偿、风险分散和风险控制三个方面。

（1）风险补偿

风险补偿指在发生风险亏损前，对将要承担的风险进行价格补偿。风险补偿主要包括财政补偿、内部准备金、担保收费和代位清偿率四个方面。因为中小企业普遍具有风险较高、获益较低的特性，一般金融机构或是企事业单位不愿意接触。因此在我国这样较有特色的市场环境下，一般情况下是引入各省、地级、县级地方财政资金，在此基础上建立由财政主导的风险补偿机制。

（2）风险分散

风险分散是金融机构或是企业处理风险管理的一种常规方法。其包含了反担保、再担保及保险等。反担保是指借款人或第三方保证人向担保人提供保证担保或是物权类担保，在借款人无法偿还自身债务时，担保人清偿借款人债务。随后担保人要求借款人及第三方保证人清偿。再担保是指为担保人或担保机构提供的担保，由再担保对担保人增信。

（3）风险控制

风险控制指金融机构或是企业在应对风险事项时为减少损失而采用的处理办法。在担保公司风险控制中，一是要建立所有担保项目的风险预警系统，做到风险信号实时预警；二是将担保项目评审、担保业务流程操作、风险项目代偿分离；三是设定担保限额控制；四是设立专项审计等。

8.4.3.4 农业信贷担保业务体系中存在的问题及对策

（1）农业信贷担保业务体系建设存在的问题

第一，担保业务开展问题。

覆盖程度相对较低。 一些省农担业务区域间、机构间发展不均衡的问题仍然比较突出，部分银行机构业务导向与预期存在较大差异。一是由于各省银行总体把控不到位，不利于业务快速增长；二是部分银行主要开展政府增信类信贷业务，不开展小额农业信贷业务，主要也是由于对风险分担原则不能完全认可接受，或是还没有形成好的风险控制方案；三是仅是部分省级银行与各市级银行有此项业务的开展的意愿，对县行的指导力度较弱，并未开展实质性的行动。

项目续保率低、客户流失问题也制约农担业务持续稳健发展。 续保率低的主要原因，一是出于经营实际情况考虑，客户主动放弃续贷；二是受行业规律的影响，客户暂无资金需求；三是客户转而选择银行其他传统贷款产品。

政、银、担三方合作动力不足。 虽然国家大力推出各项农业贷款政策，鼓励各金融机构为农户及中小企业提供小额贷款，但是在政策实际落地中，很多银行并不重视，大部分银行甚至没有设立专门的部门、指派专门的人员从事农业小额贷款，因此合作动力不足、成本较高。

第二，分散风险和补偿机制问题。

农业固有风险。 农户和农业经营主体之所以"融资难、融资贵"是因为这个群体的固有风险大。一是没有抵押物。农民的资产主要是粮食、鱼虾、牲畜、果树等农林牧渔产品，土地、海洋作为不动产在我国都是承包制的，质押和抵押难度都非常大，因此一般农业贷款的反担保措施只是自然人的连带保证。缺乏有质量的偿债资金。二是违约概率大。多数农业企业、合作社经营规模较小、抗风险能力较低；且受气候、自然灾害等影响较高，经常是整个行业发生系统性风险，破产违约概率高。

风险补偿缺口。 按照"坚持政策性方向，着力降低担保费收费标准"，粮食种植类担保费率按贷款额的1%收取，其余种类担保费按贷款额的1.5%收取，即使按照担保行业监管条例中规定的按担保余额（即贷款额）的1%计提担保赔偿准备金和担保收入的50%计提未到期责任准备金，也只能做到100个项目的收入覆盖1个项目的代偿。随着担保规模的增大、农业的高风险性导致代偿项目的增多，造成"资不抵债"的巨大风险。

第三，担保行业专业人员问题。

担保行业从业人员有限，既懂农业又懂担保的专业人员更是少之又少，而且政策性企业的定位使其薪酬标准介于政府部门和一般国有企业之间，薪酬水平更是远低于银行、证券等金融机构，在人才招聘和人才留用上都不占优势，这带来许多问题。一是不利于担保业务的开展，农业担保中"农业"的特性就意味着担保客户都是农户，担保对象都在全省各地的农村，缺少从业人员，尤其是各地分支机构人员的匮乏使得担保公司的获客渠道只能依赖银行的对口部门。二是不利于担保产品的创新，担保从业人员有限，为了优先保证担保公司的业务开展，超过70%的人员都是前端业务人员，没有专门的人员进行政策研究，产品创新。三是不利于担保风险的把控。由于风险控制需要具有专业知识和丰富经验的专业人才，而低水平的薪酬很难招聘到合适的人员，大部分风控人员都是非专业人员或者缺乏从业经验。专业人才的缺失严重影响了农业信贷担保体系的建立。

（2）农业信贷担保业务中风险管理存在的问题

第一，保前业务风险管理中存在的问题。

农户信息收集不全面。担保工作中，农户对提供申保业务中的基础材料可以相对比较全面，如身份证，户口本，结婚证等，但对于从事种养殖等的经营材料，实际情况中，农户为图方便，只提供亩数相对较大的土地承包流转合同。

征信情况了解不全面。征信报告对于城镇个人信用信息记录的相对比较全面。但是农村由于整体信用环境欠佳，导致农户信用意识不强。而且由于农户贷款需求时间往往很紧迫，银行贷款审批及担保公司担保审批都需要一定的时间，农户没有提前去筹划贷款事项的意识，导致在农村民间借贷现象极其普遍，然而在人行征信报告中并不能了解到民间借贷的具体事项。但往往我们在进行信贷调查时，对人行征信报告的依赖度又相对较高。

农户信息识别有难度。因在农村土地承包经营权流转后可再次流转（第一次流转合同限制不得再次转包的除外），导致农村中出现一批土地捎客。土地捎客先行签署土地承包流转合同后再提高每亩土地租金转包给有需求的种养大户、合作社或小微农业企业从而赚取差价。土地捎客也可凭借与村委签订的土地承包流转合同申请贷款及担保。目前该信息识别有一定的难度。

土地流转承包金缴纳的特殊性导致农户信息识别有难度。因土地承包流转合同中会注明流转期限，流转期限可与村委协商约定，一般情况为预缴第一年及最后一年的土地承包金，从第二年开始按年缴纳土地承包金（缴款政策有地区差异）。农户也可在土地流转期间内放弃承包，虽然放弃承包但农户仍持有土地流转承包合同。故该信息核查亦有一定难度。

第二，保中业务风险管理中存在的问题。

缺少农户信用评价指标体系。担保农户及小微农业企业信用评价主要通过银行对申保农户及小微农业企业的尽职调查报告实现的，但是对农户及小微农业企业的信用主要依靠业务人员的主观经验来判断，对农户及小微农业企业没有客观的信用评价结果，缺少农户信用评价指标体系来将农户进行分类。

授信额度测算不合理。因农业项目的特殊性，一产类农业项目无法核查出较为准确的经营收入，现阶段，经营销售收入数据来源大多为银行调查报告中所列示的金额，但该金额也是由银行资深信贷员预估或是申保农户口述，很难核查经营收入，也会导致测算中的销售收入虚高，从而虚增授信额度，增加担保风险。

第三，保后业务风险管理中存在的问题。

保后检查不到位。在保客户保后管理检查表显示，保后检查内容主要包括基本经营情况、财务情况、对外融资及担保情况、征信情况、涉诉情况、是否落实反担保、反担保人情况及是否出现预警信号。但在实际业务操作中，因公司尚未接入人民银行端口，无法通过授权书查询相关人员征信、融资及对外担保情况，因农业项目的特殊性，大多小微农业企业无财务报表，保后检查相对行之有效的为外部信息网站的查询即为涉诉情况查询。保后管理检查表虽然看起来内容详尽，但在实际业务操作中，保后检查表内大多信息无法精准填写，为非有效信息。

风险预警相对滞后。虽然有些担保机构制定了详细的风险预警管理办法，并明确了一般预警信号及严重预警信号的预警信号内容。但在实际业务操作中，担保机构的信息获取较金融机构相对滞后，一般都是农户或小微农业企业已经发生风险事项，银行客户经理才会通知担保机构业务经理，但此时银行都希望担保公司能够代偿以缓释银行的风险，导致担保机构发生风险事项后相对被动。

（3）农业信贷担保业务体系建设及风险管理对策

继续健全各省市农业担保体系。由政府部门牵头，出台优惠政策，大力发展农业担保机构，参照国家农担联盟—各省农担公司这种组织形式，形成省-市-县-村网店，使担保体系全覆盖。建立政策性担保机构资本金稳定增长机制，财政部门将投资计划纳入年度预算，根据业务拓展情况、担保代偿高低和绩效考核效果进行增资，使全省担保机构实力不断壮大，抗风险能力不断增强，以适应高风险的农业行业需求。

建立风险防范及补偿机制。一是政府部门主导，整合利用各种信息资源，充分发挥市场运作机制，建立全方位信用征信体系和失信惩戒机制。量化农户、农业信用评价标准，完善信用评价机制、体系和方法，为担保机构风险评估提供重要依据。落实中国人民银行、中国银监会《融资性担保公司接入征信系统管理暂行规定》（银发〔2010〕365号），加快担保机构接入和使用征信系统，提高业务风险初筛的效果。二是加大财政补贴力度，优化担保贴息流程，鼓励金融创新，从根源上提高农业的抗风险能力，降低代偿风险。三是进一步推进政、银、担合作关系。由各市财政部门牵头，提高政、银、担业务占比，建立担保基金、再担保机构，分散担保机构代偿压力。

建立完善农户及小微农业企业信息资料库。公司需建立并完善农户及小微农业企业信息资料库，尤其是黑名单，将信息共享给所有业务经理，防止其他分公司（办事处）业务经理受理到已有风险的农户及小微农业企业，可以通过信息资料库的建设直接揭示相关农户及小微农业企业的风险，做到及时止损。

建立农户及小微农业企业信用评价体系。大部分农业信贷担保公司目前无详细的信用评价体系，仅在额度测算表中插入评分表，但是对申保农户及小微农业企业的评分较为简单，没有细化。因农业为高风险行业，信用评价体系应结合农业的行业特性来进行。

根据行业指标限定授信额度。农业信贷担保公司可寻求各行业的行业专家，尤其是种养殖方面的行业专家，对各行业农田每亩收益及每亩成本进行一个区间评估，比如水产养殖行业，不同的鱼种，每亩效益，每亩成本差异相对较大。在分公司（办事处）业务经理受理到农户及小微农业企业申报资料时，可根据农户及小微农业企业所从事的行业有效合理的预估销售收入从而达到准确评估授信额度，有效防止因过度授信而带来的风险。

加强人才队伍建设、提高人员素质。重视担保人才队伍建设，提升在岗人员素质，完善培训机制，加大培训力度，增强员工的技术技能、专业知识，尤其是农业专业知识培养具有农业背景和担保知识的复合型人才。

下 篇

案例分析

第9章
农业技术转移转化盈利模式

　　技术转移作为科技创新服务的一个重要门类，是在成果转化基础之上发展起来的。由于技术转移延伸了产业链条，促进了科技创新发展，得到了国家及地方政府的大力支持。

　　技术转移机构早期多为科研高校机构的内设机构，或者政府下属事业单位搭建的科技大市场、技术交易所、园区管委会类型等，背后支撑依然是政府。因此这两部分的技术转移机构盈利主要来源于服务的政府机构或者科研院所。政策性的课题支撑是其收入的主要来源。

　　随着互联网及其信息技术的在技术转移领域的引入，原来的专利代理机构、商标代理机构等以知识产权为业务主体的机构更加活跃了，社会上出现了以知识产权为产品的专利大数据分析、专利评估评价等综合服务机构，这部分机构主要围绕知识产权服务为作为主要收入来源。

　　在以上两波技术转移热潮的带动下，科技创新服务型公司开始繁盛，形成了线上线下同步发展，服务产业园区、企业、政府、科研机构、科学家的社会型公司。

　　综合这三种类型的服务机构，现总结农业技术转移盈利模式如下。

9.1　培训、会议模式

9.1.1　农业技术培训

　　农业技术很多一部分是农业技能，比如旱地植物节水种植模式、果蔬修剪、饲料配方设计、肥料配方设计等。这些都属于农业技能，因为单独转化没有收益，所以要通过农业技术培训进行转化，这样有利于技术快速普及，同时可以收取培训费用。

9.1.2　技术转移大会

　　农业技术转移大会是属于会议经济范畴。一个行业兴旺，总会伴随着行业会议的兴旺。技术转移大会一般作为技术交流、技术交易、技术展示、技术转移行业展望的有效手段存在。既能聚集行业专家，又可以收集行业技术信息、行业需求信息、行业发展信息。因此农业技术大会成为一个成熟农业技术转移平台的标志。有效的技术转移大会一般可以取得门票注册费用、赞助费、交易佣金等收益。

9.2　技术服务模式

9.2.1　技术转让

　　作为技术转移的核心收益就是技术转让，技术转让一般包含一次性转让、技术授权、技术开发等方式。技术经理人可根据技术转让过程中所服务内容多少收取不同程度的服务费用。

9.2.2 技术集成

技术集成是指按照一定的技术原理或功能目的，将两个或两个以上的单项技术通过重组而获得具有统一整体功能的新技术的创造方法。它往往可以实现单个技术实现不了的技术需求目的。农业技术转移中技术集成特别频繁。因为农业部分技术的存在散、小、易学的特定，单一技术不容易转让，除了做技术培训以外，就是技术集成，通过技术集成将一个个小技术整合成智慧农业产业技术、鱼菜共生技术、农业综合开发技术、生态防治技术、绿色农业技术等技术体系，根据不同地区、不同要求集成不同的技术进行转化。

9.2.3 科技咨询

科技咨询是普及科学技术的一种形式。常见的方式是先由个人或企事业单位提出问题，再由科技人员提供答案，可以面谈，也可以用信函沟通。科技咨询一般分常识咨询和技术咨询两种。前者重点在宣传普及科学常识上，后者重点在解决技术难题上，有时还可能发展成科技攻关。我国城乡已经出现数以万计的科技咨询机构。随着科技市场的发展，一部分科技咨询已经由无偿服务变成有偿服务。

科技咨询是由具有专业知识并熟悉咨询业务的专家组成的独立的智力团体，以科学为依据，以信息为基础，综合利用科学知识、技术、经验、信息，采用现代科学方法和先进手段，进行调研、分析、研究、预测，客观公正地提供委托项目的咨询成果，为政府部门、企事业单位和各类社会组织及各阶层客户的决策、运作提供智力服务。

9.3 知识产权模式

9.3.1 科技成果评价

2016年6月，科技部根据《国务院办公厅关于做好行政法规部门规章和文件清理工作有关事项的通知》精神，按照依法行政、转变职能、加强监管、优化服务的原则决定对《科学技术成果鉴定办法》等规章予以废止。

《科学技术成果鉴定办法》被废止后，根据《科技部、教育部等五部委发布的关于改进科学技术评价工作的决定》和《科技部发布的科学技术评价办法》的有关规定，今后各级科技行政管理部门不得再自行组织科技成果评价，科技成果评价工作由委托方委托专业评价机构进行。

因此农业技术转移机构可以申请、组织相关农业科技成果评价与鉴定，通过科技成果评价与鉴定获得、筛选可转换技术、并可以向申请成果评价的主体收取一定费用。

9.3.2 知识产权管理

作为技术转移机构，相较拥有知识产权的农业技术企业、高校、科研机构我们更懂得知识产权的价值、更了解知识产权的运营，因此在技术转移机构内部分化出一部分机构专门从事知识产权大数据应用的机构，通过为企业提供全面的知识产权管理收取一定报酬。一方面帮助企业加强与外部各类知识产权行政管理机构及事务机构的联系，以及时获得各类知识产权信息和咨询，了解政府政策、行业要求。另一方面，从企业长远发展需求角度看，帮助企业培育知识产权专业管理人员。把企业现有的技术成果、专利方面的管理人员和技术合同的法务人员集中起来，进行系统的知识产权法律培训，为企业建立专利保护机制与维权机制，帮助科研机构实现知识产权管理与增值。

9.3.3　股权合作

技术转移机构通过技术转移、科技服务获取的不是现金，而是股权，一般来说，技术转移机构或技术经理人通过对技术的了解、对技术后续市场的了解，可以和交易方开展股权合作，以技术服务入股形式参与产业后续开发。这需要技术经理人拥有更大的把控能力，才能在后期企业运行期获得股权收益。因此很多技术转移机构更喜欢部分技术转移服务费用加股权的方式与企业合作。

9.4　延伸服务模式

9.4.1　农业科技产业孵化

在技术集成的基础上，容易形成新的技术专利、达到更容易产业化的程度，如果技术转移机构或者技术经理人拥有更多的精力和资本，可以对该产业进行孵化，使技术价值升级成产业价值，待企业发展到一个可以转让的规模，卖掉公司。实现收益。这个模式在很多国际技术转移机构经常出现。可以获得 10~100 倍的溢价收益。但是所付出的努力也非同寻常，需要投入的人力物力更多，且资金回笼时间长。

9.4.2　农业科技金融服务

由于农业产业的独特性，农用地、牲畜、青苗很难抵押，金融机构一般不愿意介入，导致农业产业很难拿到贷款及其他金融支持。因此技术转移机构可联合农担公司、农业保险公司、农业银行，地方商业银行开展农业科技金融服务，从简单的农业知识产权质押到产业扶持，产业新城建设提供服务。其获取收益来源于服务双方的佣金及在其中开展的科技服务费用。

科技部与中国农业银行的合作案例，在农业科技金融服务上的成效及农行的盈利方式有以下几种：一是围绕种业创新、智能农机、绿色食品、农业信息化等现代农业科技重点领域，共同推动浙江、湖北、陕西、四川、新疆等多个省（自治区）科技厅或国家农业科技园区与当地农行签约，在10 个试点省（市、区）选定了 90 个部行合作重点项目（企业），目前授信总额超过 100 亿元，放款约 20 亿元。二是围绕支持农业科技园区，科技部牵头中国农业银行等 6 部门联合印发《国家农业科技园区管理办法》，农行还研发推出了"乡村振兴园区贷"产品，大力支持农业科技园区的建设和运营。到 2020 年末，农行已经与 4 个农高区（国家农业高新技术产业示范区）和 270 个农科区（国家农业科技园区）建立了合作关系，为 1 044 个入园企业授信 224 亿元，用信余额 123 亿元。到 2021年 6 月末，"乡村振兴园区贷"已经对接了 200 多个园区建设发展。三是围绕创新型县（市）发展，农行积极配合科技部和农村中心，支持首批 52 个创新型县（市）科技建设工作。到 2021 年 6 月末，农行在 52 个创新型县（市）贷款余额 5 260.70 亿元，比年初增长 7.19%。四是围绕携手打赢脱贫攻坚战，农行在"扶贫商城"（现更名为"兴农商城"）设置了"科技部专区"，线上销售科技部 5 个定点扶贫县的 100 多款扶贫产品，为商户创收 400 余万元。在陕西，农行柞水县支行（科技部 5 个定点扶贫县之一）向牛背梁索道有限公司发放 4 000 万元贷款支持景区建设，习近平总书记到柞水县视察期间专程考察了该项目。

第10章
农业技术转移转化案例

在农业技术转移行业中，已经形成了一些优秀的技术转移机构，创造了一些整体盈利模式，在这一章中，我们重点分析一些在农业技术转移中的案例。

10.1 农业技术转移转化案例分析

10.1.1 以知识产权服务为主导业务的案例分析

种业是现代农业发展的"生命线"，是保障国家粮食安全的基石。种子企业要想持续发展，必须狠抓研发。拥有研发能力的种子大公司在育种道路上不断加速的当下，不甘被淘汰、兼并的中小型和新兴的种企如何在激烈的竞争中赢得一席之地，有望实现"弯道超车"，北京新锐恒丰种子科技有限公司创建了"智种网"，为中小种企的育种研发提供了线上线下一站式服务的平台，业界称赞是种业"京东"。

目前，国内种业大中小型种业企业并存，研发能力参差不齐，种质资源同质化高，育种队伍庞大，知识产权保护弱，市场竞争激烈。据统计，我国有 10 000 名个体育种家和 4 000 多家种子企业，其中仅有 1.5% 的种子企业具有新品种研发能力。由于种质资源是种业企业研发的核心，新品种研发的过程就是种质资源创造性再利用的过程。由于目标市场划分不清晰、种质资源来源不明，测试点的数量少和生态区跨度小等限制，导致了种质资源合理分配的战略导向上有偏差、同时对种质资源特性的摸索过程徘徊不前，浪费了大量的优良种质资源。智种网建立了一个玉米研发层面的集成平台。该网应用信息技术手段，将玉米种业研发多年的痛点和主要信息不对称问题，加以解决。此平台涉及玉米研发的整体链条，从种质资源、亲本授权、组合测配、品种测试、品种转让、研发资产托管、三方检测服务，以及研发耗材等。通过互联网平台和线下业务结合，探索出一个玉米种业研发链的服务平台，倾力引导种业知识产权的规范应用。自 2016 年，新锐恒丰携"智种网"引导、规范、使用育种材料授权以来，受到了国内众多种业公司的欢迎。使种业科研单位、种业公司、小规模育种机构，通过"智种网"双向服务，一进一出，在获得自己需要的材料授权同时，也将自有知识产权的自交系进入到"智种网"平台，实现育种资源规范使用、授权共享。在 78 版的框架内，布局 91 版的知识产权体系，建设自交系利用共享生态圈。通过规则、托管、共享，双向服务，一进一出，建立玉米育种材料的规范、共享使用生态圈。由新锐恒丰创立的"智种网"玉米研发平台，服务内容有两大项：一是对品种的经纪、买断、托管、授权、组配，二是对研发素材的授权、托管、买断、自有创新。通过线上（智种网）线下（新锐恒丰）的关联模式，建立一个专业化服务玉米育种研发的平台、种业知识产权经纪管理的平台。其中研发资产托管，是"智种网"和新锐恒丰的核心业务。目前已有 20

余个测配出组合和部分已审定品种的自交系托管给新锐恒丰的平台，并申请品种权保护。新锐恒丰携"智种网"主要运营模式，是各科研院所、种子企业或小规模育种单元及个体育种者，将自有创新的自交系除自己应用外，托管给新锐恒丰申请保护，由新锐恒丰把该自交系做研发产品保护、推广、授权，扩大该自交系的应用范围和组配概率，使在符合育种目标和材料使用周期内的价值得以充分发挥。通过新锐恒丰规范授权，托管经营，使自有创新系的应用价值最大化。为了打造专业的玉米研发服务平台和创新平台，帮助众多中小种企和个体育种者提高育种效率和研发竞争力。新锐恒丰通过旗下三个品牌即新锐恒丰、智种网和智种生物，业务相互关联，形成"一站式"育种服务生态链：智种生物的种质资源创新据调查，在国际种业大公司中，90%以上的自交系选育都是通过DH（双单倍体）技术途径来实现的，而我国在这方面还处于起步阶段。"智种生物"拟通过新一代的DH技术，能够快速产生大量玉米的DH系。这些DH系是非常重要的育种中间材料，从中选出优秀的亲本自交系组配成商业杂交种。为中小种子企业和个体育种家带来巨大的便利和众多的育种资源。还可以量体裁衣，为客户提供定制服务，即由客户提供育种群体，"智种生物"进行DH系的生产和提供相应的分子标记服务。通过大规模的资源创新服务，众多中小企业不再需要花太多的财力和物力进行自己的自交系选育，而把精力集中到适合自己区域的杂交种的配制和测试上，减少了大量的低水平重复劳动，有利于助力提高整个国家的育种效率。新锐恒丰的品种和自交系集成服务平台育种家认为，高效的测试体系是育种成果的最终出口，要以精确研发、精准的品种定位，实现终端用户的精益种植，条带试验是试验阶段品种定位的重要环节，区别于行区试验的做法，更接近大田生产环境，提高了品种定位的准确性。新锐恒丰正在探索新品种接近大田生产环境的表现，真实、准确的反映新品种的适应性、抗性、产量及品质等水平。"京东"式的智种网据了解，"智种网"是专注于玉米研发相关产品互通的线上平台，是玉米研发链的综合性专业服务平台，提供机械装备、研发耗材、品种、种质资源、分子检测、新品种保护、品种测试和相关培训等服务。充分利用产业基础、互联网、跨界商业模式和资本，打造全新的玉米研发产品服务模式。"智种网"已同国内外多家公司洽谈并进行合作。育种研发服务作为一个新理念，必将会受到广泛的关注、市场的理解和接受。目前传统的育种产业要完成升级转型，前期启动资金投入极大，导致企业创新育种模式很难迈出第一步。育种研发服务可以协助中小型种业企业利用有限资源延续自身的科研能力、分散企业风险、降低成本节约资金，加速新品种开发、拓展市场份额提供机会和可能，加快商业化育种体系进程。

10.1.2　以搭建平台为主导业务的运营案例分析

（1）中国农业科学院饲料研究所"7+1"联合体技术转移创新模式概要

随着国家对新农村建设的关注和推进，已经开始从思路的确定转向制度安排的选择。如何通过优化、合理的结构设计，实现高效农业的发展目标，正在成为全社会共同关注的目标。中国农科院饲料所于2003年推出的"7+1"技术转移联合体模式，经过近3年的实践证明，该模式能够比较有效的解决现阶段我国成果转化过程中的一些难点问题。特别是从2004年起，在北京市科委的支持下，该模式得以进一步完善，为新农村建设提供了一条从理论到实践都比较成熟的发展思路。

（2）联合体成立背景

基于对"三农"问题的深入思考，基于对中国饲料工业现状和长远发展战略的共同认识与理解；基于对成长与成功强烈愿望的追求。2003年10月31日，在中国农科院饲料研究所的发起下，7个代表北京高科技饲料企业的北京大北农集团邵根伙董事长、北京资源集团刘钧贻总裁、北京德佳牧业科技有限公司范学斌总经理、禾丰牧业集团金卫东董事长、北京伟嘉集团廖峰总裁、北京九州大地生物技术有限公司马红刚总裁、北京挑战饲料科技集团徐俊宝总裁共同响应，自发成立了"7+1"技术转移联合体。"7+1"的联合宗旨是在自愿、平等、诚信、互利原则的基础上，以产业联盟为龙头，以科技为纽带，采取联合研发、联合采购、统一宣传策划、人员培训等多种形式，积极开展成员企业间的互补性合作，整合资源、优势互补、相互促进、合作发展，联合构建发展平台，打造"科技和规模概念"，确立成员企业在行业中代表高科技的主体地位，使成员企业在保持自身个性的前提下充分发挥共性优势，形成产业链以推动整个行业的发展，同时为企业家们搭建一个增进了解、交流合作、整合资源、共同发展的平台。通过近3年的运作，联合体取得了令人满意的成绩。在横向发展方面，联合体成员的数量由最初的8家增长到14家，在纵向发展方面，以"7+1"联合体为龙头把饲料行业上下游产业链串联起来了，集聚了400多个企业和饲料科研单位，在企业与科研院所之间搭建了一个桥梁。而且，通过联合体技术转移平台降低了成员企业研发成本，提高了高新技术的推广效率，联合采购机制的建立，大大降低了联合体成员的采购成本，联合参展以及大型论坛和研讨会的成功举办也极大的提升了成员企业的影响力。"7+1"联合体的运作模式得到了有关政府部门、企业和其他社会团体的关注，认为"7+1"联合体不但成功的将产业界与科技界串联在一起，而且还能够促进科技与经济互动，加速科技成果向产业转化，把市场需求与科研工作紧密地联系在一起，提高了科研成果的市场价值和转化效率。另外，联合体也在配合科技部、农业农村部和北京市解决"三农"问题的工作中发挥着越来越重要的作用，不但被政府认定成为技术转移项目和成果转化项目的重点机构，还承担了国家及北京市的一些重大科技项目。"7+1"联合体的运作向行业展示了联合的力量，也代表了行业未来发展的方向。随着联合体的发展，今后将发展成为"70+1"或"700+1"，但是"7+1"将成为一个概念，成为联合体的象征或品牌。

（3）模式的意义

为以企业为主体的创新体系的建立提供了具有示范、指导意义的样板经验。"7+1"联合体模式充分体现了产学研相结合的特点，是科研机构与企业紧密合作，共同发展的良好方式；

为降低社会主义新农村建设成本提供了有效的途径。联合体1年1%的预混料产量约20万吨，产值70多亿元，产销量占全国饲料市场的20%以上，员工7万多人，进行科技推广的科技服务人员达2万多人，每年举行科技推广会600多场，投入科技推广的经费达2 000多万元，因此，通过联合体技术转移网络将高科技成果快速地输入了各乡各村各户，为农业产业结构优化升级、农民增收做出了巨大贡献；

为食品安全提供了可靠保证。畜禽产品的70%成本是由饲料构成的，因此，食品安全实际上就是饲料安全问题，饲料是食品安全的源头，只有控制好源头，才能有效保证食品的安全。通过联合体技术转移网络在北京、浙江、四川、山东、河北、湖北、江苏、福建等地转化了无公害鸡蛋生产技术、安全肉生产用天然提取物生产技术、无公害鸡肉生产技术、植酸酶生产技术、木聚糖酶生产技术等项目，为食品安全源头控制提供了保障。

（4）联合体的优势

"7+1"联合体与其他社会团体最大的不同之处在于由国家级科研机构发起、组织。饲料所是联合体的发起者和组织者，是联合体中唯一的中立机构，饲料所以公正、中立、权威的身份在联合体中起着黏合剂的作用，并在企业和全国饲料科研机构中充当技术经理人的角色。另外，饲料所以其强大的科研优势，成为各成员企业自主创新的研发中心，不断为成员企业输入高新技术，提高企业的核心竞争力，使联合体成员企业成为行业中不同领域的科技领先者。通过联合体，打造中国饲料科技硅谷，成为整合国内科技资源，国际科技合作的组织者与领导者。

人才资源。作为联合体发起者的饲料所职工总数110人，其中，研究员占10%，副研究员29%，博士生导师4%，具有博士学位25.5%，具有硕士学位38%。从事成果转化的人员都具有硕士以上学位，其中博士占40%以上，并且是具备技术、经营、财务等多学科专业背景的管理团队及业务骨干。

网络资源。"7+1"成果转化联合体经过近3年发展，已纵向、横向发展成为网络庞大的成果转化联合体。纵向发展：同质企业由7家发展到13家；横向发展：通过发展饲料业上、中、下游企业，集聚了400多个饲料企业和研究单位，形成了一体化的技术转移网络。

政府资源。与中央和地方政府建立了许多合作关系，为政府制定饲料行业的科技攻关计划，主持国家和地方政府的科技攻关课题，并与全国各地政府部门建立了项目对接机制。因此，能有效利用国家和地方政府的相关政策，开展科技创新和技术成果转化工作。

成果资源。饲料所建所以来，先后承担了百余项国家及国际合作项目，在多个研究领域确立了在国内的领先地位，部分领域达到国际领先水平。已获得国家及省部级科技进步奖近 20 项，国家重点新产品证书 3 个，国家发明专利 10 余项。在国外及国内核心期刊上发表论文近 600 篇，编写专著 50 余部。

设备仪器和场地资源。饲料所在海淀区中关村南大街拥有 1 栋科辅楼（5 层）和 1 栋研究大楼（6 层），可用于场地服务的用地面积达 8 000 多平方米，另外，饲料所还在昌平区南口拥有 100 亩中试基地，现在已经建成国家饲料技术工程研究中心（经过验收达到 A 级）、犊牛代乳品中试基地、水产生物学评价基地、合生素中试基地等，并拥有大量的国内一流的仪器设备。

（5）模式特点

以饲料所为核心建立饲料行业内龙头企业"技术转移联合体"，加强科研机构与企业的密切合作，发挥研发服务的高端辐射作用。

通过技术转移联合体的科技推广网络，把饲料所现有的或联合研发的科技成果面向全国进行辐射，加速实现产业化。

（6）服务模式和运作手段

运作模式主要有两种：一是饲料所研制的饲料技术优先卖给联合体内的成员进行应用与推广，实现产业化；二是饲料所研发的核心技术，通过其与联合体成员共同进行二次开发和中试，形成产品后，由饲料所向全国各地进行推广，联合体成员有优先购买权，产权归饲料所和企业共同所有。

（7）模式的创新点

技术转移一体化。信息全球化的今天，简单的成果服务无法适应市场需求。饲料所以"7+1"成果转化联合体为基础，通过纵横发展，集聚了 400 多家饲料企业，建立了由饲料行业上、中、下游企业共同组成的技术转移网络，使技术实现了从调研、立项、研发、中试、规模化生产、产品上市推广一体化运作，大大减少了企业创新成本，提高了成果转化效率。

"草根式"技术服务。以往技术服务工作开展的难点关键在于：成果源头的把握和控制，许多服务机构游离于技术之上，成为无源之水。而本模式既有技术转移网络基础，又有技术研发的人才和设备设施条件，因此，成果获取能扎根技术的深沉土壤，技术转移能广阔伸展、开花结果。

以企业为主体，市场需求为导向的创新机制。从立项调研开始，就紧紧围绕企业需要解决的瓶颈技术，以及为适应其发展的科技需求，建立企业投资，科研单位出专家队伍、设备条件，利益共享的市场化机制。通过项目招标，把全国各地饲料研究机构的技术源头引出，形成竞争机制，保证了科技研究高效运转，并促使高科技成果在北京落地开花。

组织形式的创新。以中立的国家级科研单位为核心，以科技为纽带，把联合体成员紧密地串联在一起。饲料所是联合体的主要倡导者和组织者，这种由研究机构发起，企业响应，并由研究单位运作的组织形式保证了操作公正性的同时，还提高了组织的凝聚力。

（8）社会的认可

"7+1"高科技饲料企业联合体的运作模式所取得的成绩得到了科技部、农业农村部、中国农科院和北京市政府的充分肯定。科技部农社司王晓方司长、计划司申茂相司长等多次亲临联合体会场指导工作，希望集团刘永好董事长、山东六和集团原董事长张唐之先生分别莅临考察。同时，联合体的创新模式获得了 2005 年第二届中国技术市场金桥奖先进集体奖、优秀项目奖和先进个人奖，以及 2005 年第九届北京技术市场金桥奖集体一等奖和项目一等奖。获得北京市科委首次资助的技术转移专项资金资助，并被北京市科委作为典型单位向全市推介。这一创新模式在 2005 年 12 月 9 日总第

6956期12版的《科技日报》、2006年第2期《经纪人》和2006年第3期《高科技与产业化》等报刊、杂志上刊登。

（9）联合体技术转移模式建立后给成员单位带来的变化

成员单位通过联合实现了优势互补、资源共享，对技术联合进行集成创新、二次开发、产业化、商品化，联合采购，联合参展，联合培训，人力资源共享等使成员企业经营成本大大降低。目前，成员企业比联合前每年成长速度平均增长10%~20%，利润提高2%~5%，同时，品牌也得以进一步提高，因此，效果显著。

在"7+1"成果转化联合体模式的推动下，饲料所的成果转化工作得到较快发展。自1991年建所到2003年，总共转化了2项科技成果，转化收入300万元，而到2004年转化项目3项，与企业开展技术合作9项，该年收入达477万元，2005年转化项目3项，与企业开展技术合作13项，该年收入达805万元，2006年，模式的推动效果更为显著，到目前为止已许可使用技术5次，科技开发收入大幅度提高，从市场上获得的资金也成为运转饲料所的主要资金来源。因此，联合大型企业，建立技术转移联合体的模式促进了产、学、研相结合，有效发挥了高端辐射的技术转移功能。

10.1.3　以技术集成、技术转让为主导业务的运营案例分析

（1）案例背景

某技术转移中心组织专家力量为四川某县编制了《成都某县有机事业发展规划》，为某县整县推进有机产业发展提供战略指导、技术路线与技术储备。在编制过程中，中心针对蒲江县畜禽废弃物处理对发展有机农业的制约，引入高效的畜禽废弃物处理技术与装备，并在该县建设处理厂，为规划的实现奠定了良好的基础。目前，中心仍在积极的为蒲江的有机事业推进提供服务。

第一阶段：编制了《成都某县有机事业发展规划》，为某县整县推进有机产业发展提供战略指导、技术路线与技术储备。该阶段为某县提供了有机事业发展的战略规划和咨询，属于技术需求开发的咨询服务。

第二阶段：针对蒲江县畜禽废弃物处理对发展有机农业的制约，引入高效的畜禽废弃物处理技术与装备，并在该县建设处理厂。该阶段引入了高效处理技术与装备，并实现产业化应用，属于技术转移及产业化服务。

第三阶段：规划完成后，中心协助县政府召开了国际有机农业峰会，整县推进有机事业发展的举措在全国打响。该阶段属于技术转移成功产业化后的推广阶段，挖掘技术新需求。

（2）该类技术转移特点

技术转移主要包含两种内涵：一种是指技术成果从供给方向需求方的横向扩散；另一种是指实验室技术向市场应用技术的纵向转化，即技术的商业化开发和实现市场价值的过程。该案例的技术转移属于第一类，结合整个过程来看，包括以下特点。

一是全面性，提供了全生命周期服务。某技术转移中心从制定战略规划、引进高效技术、建厂应用、产业推广以及后续推进等方面为某县的有机事业发展提供了全生命周期的服务。

二是定向性，遵循需求导向和问题导向，选择技术开展技术转移工作。针对蒲江县畜禽废弃物处理对发展有机农业的制约，引入高效的畜禽废弃物处理技术与装备。

三是功利性，实现了转移技术的实用价值。通过应用该技术在该县建设处理厂，实现了对畜禽废弃物的高效处理，解决了畜禽废弃物处理对发展有机农业的制约问题。为规划的实现奠定了良好的基础。带来了很好的社会效益和经济效益。

四是重复性，引入的技术成功实施。技术转移实质上只是技术使用权的转移，不影响让渡者对这种技术的拥有权。技术的供给方能够不断重复出卖技术，如果不加限制，技术的购买者也可以连续不断地将该技术转卖出去，直至所有人都掌握这种技术。技术转移的重复性特征，加速了社会的发展和

技术进步，给人类带来巨大的物质利益。此案例中引入高效的畜禽废弃物处理技术与装备解决了某县瓶颈，充分体现了这一特征。

在该技术转移过程中对技术经理人的要求：技术转移人员作为技术经理人，在实际工作中，特别是像本案例交钥匙型的技术转移方案中，应具备以下几个方面职业素质：一是组织能力，技术交易过程较长，从了解市场需求、洽谈业务、签订合同到实施的全过程，都需要经理人去组织联系。技术经理人既要为单项技术转移服务，还要为多种技术综合配套服务，这就需要经理人有较强的组织能力。二是协调能力，技术交易中有三方面的利益需要互相协调，即技术供给方、技术需求方和技术服务方。经理人要充分发挥其协调作用，融洽各方关系，切实把科技成果转化成交率提高。三是经营能力，技术转移往往伴随很多风险和不确定性，技术引进方常常陷于自身条件有限，需要技术经理人参与技术评估、资金融通、新技术新产品鉴定、产品推广、人员培训、经营发展计划的制定以及公共关系拓展等方面，从而促进技术转化的成果实施。四是解决问题的综合能力，技术转移服务工作涉及信息沟通、技术评估、市场评价、组织谈判、筹集资金、人员招募、人员培训等一系列问题，要求技术经理人有驾驭复杂局面和解决复杂问题的综合能力。

每年在12月定期举办中国农业科技高层论坛，评选中国农业科技产业化进步奖，支持企业创新与技术转移。展出中国农业科学院以及其他科研单位的最新研究成果，促进企业科技管理能力，展望农业科技发展方向，为企业把脉。

2010年12月7—8日，由北京技术市场管理办公室、中国农业科学院技术转移中心举办的"2010中国农业科技与经济高层论坛"在北京友谊宾馆举行。来自国内众多研究院所、高校、企业和金融机构的代表600多人出席了会议。

农业农村部、科技部、北京市科委、北京市农委、中关村高科技园区管委会、中关村发展集团等单位领导向北京大北农科技集团股份公司、北京奥瑞金种业股份有限公司等12家企业颁发了由中国农业科学院推出的"2009—2010年度重大农业科技产业化进步奖"。与会期间展出了来自中国农业科学院、驻京高校在内的200项最新研究成果。落实《首都农业高端发展"5+1"战略合作协议》，促进国家农业科技城的建设，首都农业集团代表400多家涉农企业发出倡议，支持国家现代农业科技城建设，通过农业城的建设，为全国现代农业发展提供技术引领和服务支撑。

10.2 农业技术转移过程中的常见问题

农业技术转移过程中会经常遇到一些问题，需要技术经理人能够做到及时处理和分析，以下按照技术转移脉络来逐一进行以下分析。

10.2.1 技术需求目的不明确

技术转移机构经常会遇到上门寻找技术的个人或者企业。特别是农业行业中的技术需求，很多会提出特殊品种、如何增加收入、土地处置、种什么的需求。而这些需求基本上属于虚无缥缈的需求，不明确、不清晰。需要技术经理人引导其说出其痛点，帮助其分析需求，最终落实到具体技术、具体要求上来，这样才可精准匹配。为了缩短咨询时间可设计图标让用户选择其需要的方向再做进一步的一对一谈判。

10.2.2 技术供需不匹配

在进入技术供需双方谈判之前，要详细了解技术参数、应用范围等技术情况，以及技术需求方对技术的需求的描述，即使这样我们依然会在谈判桌前遇到技术供需不匹配的情况，如果是技术达不到要求即可终止，如果技术过高，或者技术参数差异，可以将技术转让转化成技术开发，以适应用户需求。

10.2.3 技术产业化市场预期不明确

由于技术创新本来就具有一定的风险性，导致很多原创性技术、或者单一技术创业来说未来产业化市场预期不明确成为这部分技术转移中遇到的一个瓶颈。技术经理人应该在这部分做好可行性分析，帮助买卖双方了解市场，促进技术交易，降低交易风险，提升自身服务价值。

10.2.4 技术价值判定难

技术价值不确定性大，无形资产评价难，因此判断技术价值，让双方坐在谈判桌前需要有判定价值的能力。判定价值标准及方法我们在前几章中讲到过，除了明确价值以外，我们还要通过了解需求入手，改变技术所需范围，调节价值，达到双方满意。

10.2.5 技术交割周期及后续产业

因为技术为无形资产，其交割方式和周期成为技术转移的"最后一公里"。如何在不泄密的情况下交割，如何在交割过程中拿到收益，如何保证技术能够完整交易、如何在交易过后技术运行良好，技术类产品产出顺利。需要技术经理人逐项把握，建立第三方监管账户，建立知识产权变更机制，技术产品检验机制，后期知识产权法律追诉机制，以保障双方顺利交易。

第11章
未来农业技术转移的思考与展望

农业技术转移的核心就是追逐新的技术热点，因此要了解未来的技术转移首先要了解未来一段时间农业技术的发展方向及技术热点。

11.1　近10年农业技术热点

11.1.1　种质资源

围绕保障国家食物安全和种业安全重大需求，针对种质资源研究薄弱和重要性状激励不清楚等关键问题，以我国的重要农作物和畜禽种质资源为研究对象，开展多年、多点和控制环境下的表型组学研究，对高产、优质、抗病虫、抗逆、资源高效利用、适应性等重要性状进行精准鉴定和深度评价，发觉优质种质资源，利用重测序和 SNP 芯片等技术，对农业生物资源进行全基因组水平的基因型高通量鉴定，开展系统的单倍型分析和选择分析，阐明种质资源和育种材料的结构多样性；利用表型和基因型大数据，开展农业生物重要性状的全基因组关联分析，发觉关键基因和优异等位基因；针对优质种质资源和特殊材料，开展转录组、蛋白组、代谢组和表观变异研究，阐明基因互作、基因环境互作机制，构建重要性状遗传和分子调控网络，解释重要性状形成的分子机理，为农业生物高效育种种业持续发展提供材料、基因、技术、信息和理论基础。

11.1.2　C_4 植物合成途径及高光效研究

C_4 植物叶片具有特殊的花环状结构及其特殊的 C_4 光合作用途径，与 C_3 植物相比，光合作用效率、水分和氮素围绕粮食高产国家重大需求，针对 C_3 植物水稻与 C_4 植物谷子及玉米等研究对象，利用基因组、代谢组、转录组、蛋白质组及其修饰组学，开展 C_4 叶片花环状结构形成的遗传机制、C_4 光合作用途径与高光效分子机理、C_4 植物光合作用产物在不同细胞和组织中的转运机制、C_4 途径在 C_3 宿主中的协同表达调控等重大科学问题研究，解析 C_4 植物高光效果机理；利用系统生物学及合成生物学手段，获得具有功能的类花环状结构 C_4 光合作用途径，代谢物转运途径等元件，将其转入水稻，创制出具有 C_4 作物光合特征的材料，实现提高水稻光合效率、培育光合效品种、提高粮食单产的重大目标。

11.1.3　农业固氮微生物互作

围绕农业生产中氮肥不合理使用所有带来的土壤退化、环境污染等系列问题，以建立高效作物-微生物联合（或共生）固氮体系为研究主线，针对固氮酶氮阻遏、氧失活、高耗能等影响胡丹效率的环境限制因子，探索客服自然界中生物固氮仅在元和生物中发现天然屏障，研究固氮施氏假单孢菌、固氮类芽孢杆菌等模式微生物固氮基因表达调控及信号响应机制、固氮微生物与宿主植物互作及适配性机制；以合成生物学技术探究非豆科作物自主结瘤固氮的可能性，开发和建立新型高效植物微生物固氮体系，阐明微生物自身及与作物互作过程中高效生物固氮的分子机制；明确新型微生物作物高效固氮体系，为筛选与固氮菌高效匹配的作物新种质提供理论指导；研发适合于水稻、玉米等大宗农作物的新代固氮微生物肥料制剂，实现减少化学氮肥用量的目标，为"固氮匹配育种"提供理论指导，为农业节肥和增产增效提供新支撑。

11.1.4 基因组设计与生物制造

以系统生物学理论为指导，以组学数据为基础，开展主要农作物和畜禽标准化生物元件与模块的设计、生产与组装技术研究，根据育种目标构建品种设计蓝图，建立高产、优质、抗病虫、抗逆、营养高效、高光效等基因模块设计、优化集成的理论和方法，实现生物元件和模块在底盘生物中的最适装配和系统优化；创新高效工程菌株构建技术，针对饲用酶、农产品加工用酶等的分子改造与新酶研发，研发覆盖真核、原核的完整微生物表达技术体系，创新农产品加工过程的生物催化与转化技术体系；以植物、动物乳腺和昆虫细胞为受体，研发生物药、大分子生物活性物质和次生代谢产物生产技术；研发新型具有特定用途的生物材料的 3D 打印技术系统。

11.1.5 作物细胞减数分裂染色体行为控制机制

针对目前细胞与染色体控制技术效率不高、可调控水平低，受环境和基因型影响较大等问题，创新主要作物高效染色体操作技术，通过高效染色体异位系建立与鉴定，培育导入野生或近缘物种优良基因的优异材料；建立高效细胞融合与融合体再生技术，实现异源胞质改造、异源多倍体培育和异源染色体导入；完善小孢子和大孢子等单倍体高效诱导技术，探索通过有性过程获得单倍体新技术降低或消除单倍体诱导基因型依赖等研究。综合利用植物细胞与染色体工程等技术，创制具有重要实用价值的种质资源，为作物遗传改良提供理论基础和关键基因资源，支撑我国农作物遗传改良技术的进步与发展。

11.1.6 作物多倍体化过程基因组演变规律

作物多倍化后往往会产生显著优良变异，是植物物种形成的重要源泉。油菜、棉花、小麦、马铃薯、烟草、花生、芝麻等重要作物在多倍体化后适应性大大增强，生物产量经济产量和抗病抗逆性出现了革命性变化。选择小麦、甘蓝型油菜、棉花、花生等多倍体优势作物，重点开展：以现今栽培的多倍体、新合成多倍体、多倍体祖先自然种及从栽培多倍体中分离的具有祖先种相同染色体数的品系为材料，通过比较基因组学等手段，分析转录组和表观组遗传差异及其与转座成分的关系，与基因组变异、染色体重组、性状 QTL 关联，阐述亚基因组互作和进化规律及其对性状形成的影响；利用多倍体与其亲本二倍体及新合成多倍体的第二和高世代材料，分析多倍体作物强优势形成的原因；选择合适材料，通过杂交、自交并测定相关性状和杂优表现，探讨多倍体作物种质创新和育种新方法。重点突破与重要性状形成相关的多倍体基因组互作和演化的关键科学问题，阐明异源多倍体作物性状变异产生的分子机制，克服多倍体种质资源狭窄等瓶颈，建立作物多倍化种质创新和遗传改良技术，为作物新品种选育提供理论和技术支撑。

11.1.7 畜禽繁殖细胞及分子调控

国民经济迅速发展和人们生活水平不断提高，需要畜牧业快捷高效地提供更多优质产品。针对畜禽繁殖世代间隔长、繁殖力低、生产管理落后等问题，重点开展畜禽生殖免疫、组织构造、胚胎移植、性别决定、显微受精、细胞克隆和繁殖管理等研究，深入进行配子发生、精卵融合、胚胎发育、性别分化、妊娠分娩等生殖生理现象研究，明确不同生殖发育阶段畜禽激素水平、细胞水平的调控变化机理，研究配子和生殖系统的超微结构特点，解析畜禽高繁殖力形成的生物学机制，阐释种间杂交不育的遗传决定因子；开展畜禽配子成熟调控、胚胎操作、性别控制和超声诊断等研究，优化卵母细胞体外成熟培养和体外胚胎生产技术体系，发展体细胞克隆、转基因生产等前沿综合技术；研制显著提高畜禽繁殖力的早期性别诊断试剂盒、免疫新制剂等产品。建立密切结合生产实际的畜禽胚胎生物工程体系和良种快速繁育体系，着力提升畜禽生产产能和养殖效率，实现畜产品有效供给和畜牧业增产增效的目标。

11.1.8　动植物天然免疫机理

围绕我国农业安全生产保粮增产、保畜提效的现实需求，针对重大农作物病虫害、动物疫病可持续治理的核心问题，开展动植物天然免疫防控机制研究。系统鉴定水稻、小麦、玉米、棉花等主要农作物有害生物突破寄主免疫系统的机理，筛选获得和克隆出具有高活性植物免疫调控能力的小分子化合物、蛋白质或多肽激发子，揭示激发农作物对重要有害生物的天然免疫调控作用机制、关键节点和靶标基因，创制小天然免疫诱抗产品并建立其大规模制备工艺技术；系统研究重要天敌生物的控害规律及其机制，探索天敌的行为与适应、天敌与寄主互作免疫、天敌协同控害等原理。利用现代分子生物学、免疫学、分子病毒学、细胞生物学、药学等技术平台，研究动物天然免疫系统各个组成部分清除病原体免疫应答的启动和调控机制，以及病原体入侵机体后与天然免疫系统之间的相互作用关系，并针对天然免疫应答发生和调控机制筛选和设计免疫佐剂、免疫添加剂和免疫调理剂，改进现有疫苗免疫效果，研制新型疫苗，阐明宿主、传播媒介、传播途径、易感动物、变异规律、分布范围和分子演化规律，揭示重要病原微生物诱导致病和持续性感染的分子机制，探索草食动物胞内感染与致病的分子网络机理。

11.1.9　食物营养与加工调控

围绕我国食品品质提升、营养保持以及健康干预等产业与社会需求，针对我国对大宗农产品加工原料生产、贮藏加工过程营养组分的调控机理、贮藏加工过程食品营养组分代谢及健康干预机理等基础研究薄弱问题，以我国大宗粮油、畜产品、果蔬产品为对象，利用基因组学、蛋白组学、代谢组学等组学手段，对食用农产品的营养组分及转化进行全面解析，研究大宗食用农产品贮藏、加工过程中色、香味、形等品质形成机理，加工过程对食品营养组分消化、吸收及代谢等作用机制，基于食品营养组分特性和人体健康个性需求的健康饮食干预机制，通过数据平台和个性化智能设计研发个性营养食品，为食品生物制造提供理论基础。以保障食品营养与健康为前提，研究产毒真菌发生和毒素形成、代谢及对健康的影响机理，以及食品贮藏、加工过程中危害物的生成及其在人体内的代谢、为害机制，建立危害物防控体系和营养健康干预体系，提高食品的营养健康水平。通过任务实施，探明食物中营养组分及其功能，揭示其在贮藏加工过程营养组分转化机理，及其对食物营养组分消化、吸收及代谢的影响，阐明食品危害物形成与为害机理，为构建基于个体基因组结构特征的膳食干预技术和个性化营养设计方案奠定理论基础。

11.1.10　生物质能源

围绕国家战略性新兴产业发展、国家粮食及能源安全等重大需求，针对我国农业生物质资源转化率低、利用水平不高和污染严重等现实问题，从生物质能源化利用的物质资源基础、高效生物降解及转化、微生物细胞工厂及生物炼制多元利用途径及发展模式、生物质能源发展战略等开展系统研究。在能源微生物资源、环境修复型能源植物新品种创制微生物菌种（菌群）改造及优化、生物转化技术及过程工程系统控制等方面突破制约生物质能源转化的共性关键技术，挖掘一批能源微生物菌种及新型能源植物资源，在高效能源微生物菌种（菌群）的系统代谢工程改造上取得关键性突破研发适应我国农业发展特点、区域特色及种植业、养殖业农产品加工业及有机生活垃圾等不同发酵原料的生物燃气（沼气）、生物质液体燃料、生物基平台化合物、生物质发电、车用生物燃料等多元利用途径、高效低成本生产工艺、配套装置与装备，形成生物质资源规模化降解及能源化利用的理论、成套技术、终端产品及发展模式，有力提升我国农业生物质资源的利用率、利用水平及生物质能源化利用的技术经济性。

11.1.11 数字农业技术

围绕现代农业发展对提升生产效率、规模效益、管理经营水平以及食品安全等需要，针对农业生产效率和管理经营水平提升的信息技术和装备制约，开展农业生产过程控制的智能化、自动化和精确化技术与装备研究。针对农业生产与经营过程中存在的信息不对称以及由此导致的产销不畅和食品安全等问题，开展可覆盖生产经营、流通、市场与消费等开放农业系统全环节的农业大数据技术、设备与系统研究。主要内容包括物联网与智能传感技术与装备，具备环境感知、自主智能与环境适应能力、精确操作能力的低成本高能效的农业机器人技术，"星—机—网"农业信息协同感知与机载快速获取技术，农业数据传输、计算、定向分发与服务技术，系列农业云计算中心与综合信息服务系统研建等。重点突破农业生产现场环境参数与作物生长状况信息自动采集与监控关键技术、动植物数字模型与数字化管理和智能决策技术、机器人相关的图像识别处理技术和生物传感器与智能控制技术、海量农业数据采管—计算服务技术，以及巨量信息需求者群体个性化即时服务的技术难点。通过任务实施，实现动植物生产过程生命与环境信息的智能感知、可靠传输、智能处理和自动化与精确作业，达到主要农作物生产全程农艺农机机械化与智能化融合的目标，支持高效可控的现代农业发展。

11.1.12 农业纳米新材料与功能产品制造

围绕国家粮食安全与农业可持续发展对绿色投入品和农产品深加工等方面的重大需求，针对化肥、农药、兽药饲料等传统农业投入品有效成分利用率与效能低下，易引发农产品残留与环境污染等瓶颈问题，开展利用纳米材料与技术改善农业投入品的有效性与安全性的研究。重点研究内容包括：通过纳米微粒化和微囊化方法构建靶向传输和动态释放等功能的农业投入品纳米载体系统、创制一批高效、安全与环保型的化肥、农药、兽药、疫苗、饲料添加剂，大幅度提高有效利用率，降低农产品残留和环境污染，改善农产品质量与环境安全；通过纳米材料修饰与功能改性，创制一批新型、高效的农膜、地膜和包装材料等农业纳米新材料产品，大幅度改善耐候性、耐老化、光转换、断热性、可控降解等产品综合性能；采用纳米材料制备技术发展一批高值化的纳米功能食品、生物基新材料等深加工产品，改善农产品营养保健功能和多级化利用水平，延长农副产品加工产业链。突破上述关键核心技术，可以有效缓解我国农业投入品资源短缺，大幅度提高农业生产效益，促进农产品产量增长与深加工利用，降低农产品残留与环境污染。

11.1.13 水生生物粮仓构建技术

围绕保障国家食物安全核心目标，针对陆地农业发展面临着耕地日益减少和人口不断增加的双重压力等问题，将蓝色国土纳入国家食物安全战略视野，开展水生生物粮仓构建技术研发。在梳理我国四大海域、主要江河流域等不同水域资源特征以及渔业急需突破重点方向基础上，在种质与种苗、营养与病害、设施与模式、资源养护与利用四个方面，突破一批重大基础理论和制约产业发展的关键共性技术，主要包括水产养殖生物现代育种、苗种繁育及新种质资源发掘、现代渔业设施与装备、水产品精制与质量控制等前沿和核心技术，引领战略新兴产业发展。加强池塘生态高效养殖、近海养殖与滩涂开发、重要病害监测与防治、生物资源养护与环境修复、生物安保与水产品安全等技术集成示范，支撑产业持续发展。通过以上关键技术的突破与示范，实现渔业产业化经营，支撑我国现代渔业发展。

11.1.14　海洋生物资源开发利用技术

围绕开发大洋生物资源、公海资源等战略必争的国家需求，针对大洋生物资源变动规律不清、资源占有率低、技术装备落后、能耗高、生物基因资源开发不足等问题，开展南极磷虾资源高效开发技术、大洋渔业资源开发与利用技术、现代渔业精准捕捞装备技术、生物基因资源与新种质资源开发利用技术研究。突破南极磷虾主要渔场资源评估与预报技术，开发南极磷虾的高效捕捞渔具渔法，建立集捕捞、加工、提炼、科研于一体的专业南极磷虾渔船系统支撑技术；掌握金枪鱼、鱿鱼、竹荚鱼、秋刀鱼等大洋资源与渔场变动规律与中心渔场分布，研发节能高效的大洋渔具渔法，突破渔船与捕捞装备国产化瓶颈技术，构建基于 MDO 的渔船数字化研发平台，开发信息化助渔仪器与自动化捕捞机械系统，综合大洋性渔业各领域的信息资源，构建基于 3S 和物联网技术的渔业信息化、数字化助渔与管理系统；开发系列大洋生物蛋白、酶、新药先导化合物、生物制品、微藻产品。增强我国远洋渔业生产企业的国际竞争力，支撑大洋生物资源开发利用产业的全面发展，有力维护我国的大洋国家权益。

11.2　农业重大产业体系

围绕产业核心关键技术突破构建技术系统，引领传统农业向现代农业转型。

11.2.1　园艺作物优异品种本土化培育园艺产业

我国蔬菜、果树和花卉等园艺作物种植面积达 4 亿多亩，总产值达 1.8 万亿元，已成为农民增收的重要途径，在农村经济发展、城乡劳动力就业和国际农产品贸易平衡中占有重要地位。针对我国部分主要园艺作物重要类型品种大量进口、园艺产品生产效率不高等问题，深入开展基因资源研究，突破品种资源缺乏的瓶颈；建立融合基因组学、信息学、育种学和自动化技术的精准智能化育种方法，显著提高育种效率和水平；选育一批在产量、品质、抗病虫性、抗逆性等性状达到或优于国外同类品种的蔬菜、果树和花卉优良品种；研制出与优良品种配套的省工、节能、高效栽培技术。通过任务实施，实现国外同类品种种植区域取代，改变过度依赖国外品种的局面，引领实现我国部分园艺作物品种"国土化"栽培，满足消费者对园艺产品的多元化需求。

11.2.2　畜禽基础种群创建与良种繁育

我国主要畜禽的生产长期依赖国外引进品种，品种对外依存度高，种业安全问题严重。尽快缩短与发达国家的差距，推进主要养殖动物种质资源培育与创新利用，是解决我国具有自主知识产权畜禽良种短缺、保障肉蛋等畜产品稳定供给的客观需求。重点突破基于表型、基因、基因组等多水平的主要畜禽种质资源评价技术，建立我国畜禽种质资源和新品种（系）标准评价体系；以常规技术与生物技术相集成，建立现代育种新方法，实现生长、繁殖、肉质、胴体和抗病性状遗传选育技术的升级和创新；协同建立适合我国畜禽养殖状况的系谱、性能等数据收集体系，建立完善全国种畜禽遗传改良联合数据库和遗传评估体系，创建我国畜禽育种基础种群；利用我国丰富的地方良种资源，结合多品系杂交试验配合力测定、分子配合力预测技术，培育适应我国多元化市场的优质畜禽杂交配套系，培育具有中国特色和自主知识产权的重要畜禽新品种（系）在全国范围内建设标准化畜禽育种基地、性能测定站、数据分析信息中心，形成育种体系平台支撑下的畜禽高效繁育体系，并进行产业化示范。通过任务实施，依托国内国家级育种场和大型育种公司，产学研联合，形成稳定的高效育种基地和平台，推进我国畜禽品种改良进程。

11.2.3　新型农业药物和生物制剂创制

围绕确保我国农产品质量安全、农田生态安全的战略需求，针对当前农药用量居高不下、农药残留日益加剧、新型农业药物及生物制剂匮乏的问题，重点开展安全环保、低毒高效新型农药和生物制剂创制与利用研究。在新型化学农药方面，建立针对重大病、虫、草害的化学药物分子设计和高通量筛选平台，研究农药靶向控释等与产品相配套的应用关键技术，开展高毒农药的替代改造，优化结构并创制造低毒低风险农药，研发缓释剂等环境友好剂型，创制新型化学农药；在生物农药方面，提升现有微生物生防制剂效价，筛选高效菌株及工程菌株，革新助剂结构，创制新型微生物制剂，扩展天敌昆虫产品类群，利用滞育调控技术显著延长天敌产品货架期；在兽用生物制品方面，开展先导化合物自主设计合成与评价，革新药物靶标及先导化合物筛选技术，创制新型疫苗及新型兽用生物制品；创新多功能生物肥料、生物饲料及添加剂、生长调节剂、可降解农业材料等关键技术，开发绿色新型农业生物制品，研发农药缓释延时、精准施用等配套机械及应用技术，显著降低农田投入人工辅助能。

11.2.4　地力提升工程

围绕农业资源可持续利用的国家需求，针对区域土地生产力日趋下降和水肥利用效率过低等问题，开展创新耕地生产力提升关键技术研究。重点研究我国不同区域、不同土壤类型耕地保护监测与预警技术，研发和系统集成不同土壤退化类型的阻控技术体系及中低产耕地土壤定向培育技术，创新农田土壤障碍因子消控技术，建立不同区域耕地替代技术和后备耕地资源保护与合理开发技术，研发退化土壤的化学物理和生物综合修复技术；障碍土壤因子物理、化学与生物消控的定向水肥增容增效创新技术系统；创新水资源开发技术和作物高效用水技术，研究适应不同作物、不同地区的灌溉技术与制度、化学抗旱节水技术等，研发抗旱节水设备与材料；构建我国不同区域和不同作物上的水-肥-根时空高效耦合技术模型，创制利用率高、环境友好型的肥料重大新产品，开发肥料资源替代产品。通过任务实施，实现农业水土、肥等资源合理利用，提高资源转化率，使农业资源在时间和空间上优化配置达到农业资源永续利用的目标，为农业可持续发展提供有效支撑。

11.2.5　农业生物安全防控

围绕农作物病虫害、畜禽传染病的科学治理与有效防控核心需求，针对严重威胁我国农业安全生的重大动物、植物有害生物，开展重大农业有害生物的安全防范、监测预警及防治控制技术研究。重点开展农业有害生物远程监测预警技术研究，开发基于现代3S技术、雷达识别、光谱分析、自动诊断的远程实时监测技术，研发数字化、精准化的短期及中长期预警分析系统；开展农作物有害生物绿色防控研究，革新基于生物防治、行为控制、信息迷向、RNA干扰、生态网络调控技术的新一代病虫害持续控制手段，研究天敌昆虫保育及定殖性提升技术，创制高效低风险生物农药与化学农药新产品，提升自动化精准施药技术水平，构建农业病虫害重大疫情的应急防控技术体系；加强外来入侵植物及检疫性病虫、口蹄疫、禽流感等重大病虫害防控研究，深化危险性有害生物、新发突发、外来烈性病原的早期监测技术，研发快速诊断、病害流行、检疫隔离、疫苗储备和治疗药物，评估病虫害流行范围，预测流行趋势，评价危害程度和风险，提出有效预防措施，研制防控疫苗和治疗药物。通过任务实施，实现重大农业有害生物监测预警远程化、绿色防控专业化、重大疫情无害化的目标，支撑国家粮食和畜禽安全生产。

11.2.6　循环农业

目前，我国农业生产中种植业和养殖业条块分割，未形成农牧一体的"生产—产品—废弃物再利用"的循环产业链加剧了我国耕地与水资源短缺、养殖废弃物污染、土壤生态退化等现状。为了改变当前农业生产方式，创新多样化的循环农业产业模式，创建形成物质和能量高效循环再利用、农产品产量与质量稳定提升的产业系统，破解资源限制和环境制约的难题，迫切需要开展粮经饲与畜牧业、水产业有机衔接的关键技术研究，重点突破规模养殖废弃物无害化、高值化开发利用关键技术与设备，研究不同施肥制度对作物产量、农产品品质、农产品安全、土壤肥力、生态环境等多方面的影响，优化稻田综合立体化种养技术，研究集成有机肥与肥料减量施用配套技术，创新优质牧草生产与高效牛羊养殖关键技术等。通过任务实施，创建"粮经饲与猪业复合高效生产""粪污高值肥料产业化""适度规模种养一体园区化""盐碱地草牧结合一体化""稻渔耦合立体健康养殖"等多样化的循环农业产业模式，形成配套的技术规范或标准，建立我国不同区域、不同作物有机无机配施的科学施肥制度，提升规模养殖粪污的无害化利用率，大幅降低农业面源污染，提高农业生产的综合效益。

11.2.7　面源污染治理

重构围绕国家对农业生产和生态环境相互协调统一发展的总体需求，针对农业集约化生产快速发展过程中养殖废弃物、农药、化肥等农业原物质对环境影响日趋严重等突出问题，以黑龙江、松花江、嫩江、海河、淮河、太湖等农业生产流域为重点研究区域，在探明农业原物质在水土系统中的迁移转化途径、流域下游水土质量对上游农业措施响应关系的基础上，针对农业生产关键领域，重点突破节肥节药节水种植技术、畜禽清洁养殖技术、水产健康养殖技术；针对农业面源污染治理关键环节，重点突破农田氮磷拦截技术、农村废弃物资源化利用技术；在流域尺度上集成各项专项技术，形成不同流域清洁生产的综合治理手段和模式。通过任务实施，阐明农业源物质在水-土系统中的迁移转化途径及驱动机制，明确农业源污染物质对农业流域水体和土壤的定量贡献，重点突破农业流域清洁生产技术，形成综合治理高效模式，支撑我国主要流域农业生产的可持续健康发展。

11.2.8　农产品质量安全控制

我国农产品质量安全问题和隐患仍然存在，我国在农产品生产过程控制方面，对投入品、污染物的降解转化规律不清楚，没有科学合理的种养殖技术规范实施有效的产业化生产过程控制，对影响农产品质量安全的农药、兽药、重金属以及环境污染物等迁移过程、降解机理等不清楚，难以溯源，无法采取有效的监管及控制措施。针对提高我国农产品质量安全水平的需求，贯彻"从农田到餐桌"全程质量控制的方针，加强以预防为主的过程控制体系研究，重点开展主要农产品种养殖、加工、储运等全产业链中典型污染物的可能来源迁移转化及作用机制研究；通过危害性分析，研究确定主要农作物种植全产业链以及主要畜禽养殖全产业链中的质量安全危害关键控制点，形成我国主要农产品质量安全全程控制技术体系。突破急需的粮食生产加工产业链中生物毒素和重金属污染的关键控制技术以及减毒技术，突破菜篮子产品中植物生长调节剂、杀菌剂及消毒剂等化学污染的关键控制技术，突破畜禽生产中广泛使用的抗生素、抗菌药和促生长素等药物的关键控制技术，实现我国主要农产品产业化生产全过程，包括产业环境、生产、储运、加工包装，以及副产品利用处理等环节的全程控制，形成我国主要农产品生产质量安全全程控制技术体系，为促进我国主要农产品的产业化、标准化生产、提高我国农产品质量安全水平提供支撑。

11.2.9　农产品生物强化

为改善我国人群营养健康状况，保障国民体力和智力正常发育，迫切需要研发农产品生物强化技术，以从根本上解决普遍发生的隐性饥饿问题。研究微量营养素和相关抗营养因子在作物和畜禽体内的吸收、合成、转运与积累的生物学途径及调控机理，绘制微量营养素特征代谢谱，建立功能成分高通量检测技术体系，形成功能产品鉴定与评价标准；研究人体必需矿物元素与重金属的协同吸收转运机制，发现和创制人体必需矿物元素特异性吸收和转运途径，降低或免除重金属元素对作物可食部位的污染；建立高效生物强化作物新产品生产技术体系，创制富含各种功能成分的优异育种材料，建立提高产品品质的栽培技术模式；研究农产品中微量营养素的生物有效性及其对人体健康的影响，建立干预和提高动物产品中功能性成分的关键技术途径，开发功能型动物新产品；针对不同人群的健康状况和营养需要，通过智能化分子育种设计平台开发精准化、个性化、多样性、功能性的动植物新产品。

11.2.10　传统食品工程化

围绕我国消费者对传统食品工业化产品的日益增长需求，针对制约我国米面制品、肉制品、菜肴制品等传统食品加工业发展的工程化技术落后、装备匮乏、标准体系不完善等问题，开展原料加工特性和适宜性研究，建立传统食品加工的专用原料标准体系；开展传统食品腌制、炒制、煎制、蒸制、烤制、炖煮和油炸等传统工艺挖掘解析与创新研究，探明传统食品品质与风味的形成机制，进行传统工艺的工业化适应性改造，研制关键核心装备及专用设备，实现工艺技术与装备的有机耦合；研究传统食品贮藏过程中的品质和微生物变化规律，确定适宜的综合减菌技术及保鲜技术装备；开展技术装备的集成研究，建成一系列连续化、智能化、标准化和规模化的示范生产线，并在传统食品加工企业中推广应用。通过任务实施，建成我国传统食品工业化重大关键技术系统，实现传统食工业化技术智能化、连续化、标准化，达到国际领先水平的目标，支撑我国中式传统食品加工业的快速健康发展。

11.2.11　农产品梯次加工与利用

围绕建设资源节约型社会建设、实施可持续发展的战略需求，针对我国食用农产品资源梯次加工与综合利用技术相对落后、加工梯次少、局限在一次利用和二次利用、产品附加值低等问题，以大宗粮油、畜产、果蔬、特色农产品等为研究对象，开展农产品加工特性与适宜性、加工过程组分相互作用与品质调控、加工过程有害物形成与防控、营养分子设计等应用基础研究与关键技术研发，突破农产品资源梯次加工技术、工程化技术、高值化利用技术、综合利用技术与功能成分高效制备技术等重大关键技术，集成大宗农产品资源梯次加工与利用技术系统，研制一批新技术、新产品新装备，提升产业规模与综合效益。以大宗粮油、畜产品果蔬、特色农产品资源梯次加工与利用研究为横线，以高技术发展、关键技术突破、工程化集成及示范为纵线，突破食用农产品梯次加工与利用重大科技问题，实现"理论-方法-技术-装备-产品-专利-标准"的一体化突破，形成纵横交错、重点突出、覆盖面广的食用农产品资源梯次加工与利用技术系统，实现我国大宗农产品资源梯次和高效利用。

11.2.12　农业机械装备制造

我国主要粮食作物耕种收综合机械化水平仅为60%，农机农艺融合问题亟待解决，高效植保和产后烘干成为影响规模化种植的技术瓶颈；棉花、油菜、花生和甘蔗等种收机械化水平不足20%，机械化生产成为瓶颈制约；大多数农产品加工企业缺乏工程化技术和装备，产业高端主体技术与装备基本依靠进口。针对主要粮油及经济作物农业机械化程度低、可靠性差等问题，开展精密高速种植技术装备、高效智能病虫害防控技术装备、高效高性能收获技术装备、经济作物产地加工技术装备研发以及重要农作物机械化标准化生产栽培技术研究与体系集成；针对农作物产后加工利用率低、技术装备缺乏问题，开展作物产地贮藏与加工技术、副产物综合利用技术与装备研发，提高我国农产品加工利用水平。需要重点突破的关键技术包括减阻降耗耕作技术、高速精准播种技术、病虫草害防治污染控制技术、高效低损收获技术、高效节能产地干燥技术、农机农艺深度融合技术等通过任务实施，全面、全程提高农业机械化水平，到2030年，粮食作物耕种收机械化水平达到80%左右，动力机械和农机具的配套比达到1：3左右，农业装备技术水平与国外先进国家缩短至5年左右，农产品加工产业高端技术与装备60%以上实现自给，关键零部件国产化程度达到60%以上。

11.2.13　设施农业现代化建设

目前我国设施农业种植面积达5 800万亩，占世界85%以上，设施栽培在许多地区已发展成为农业支柱产业。但我国设施农业系统相对封闭、光照弱、湿度大、温度高，大量不合理施肥，导致土壤酸化、次生盐渍化、连作障碍、农产品品质下降、病虫害严重等问题。从温室自动化设计与栽培管理技术等方面开展研究，研发具有模拟太阳光功能的照明设施、可自动调节光强的采光天窗、现代化育苗机械、传感执行机械、加温通风设备、保温材料与地温提升技术、集雨设施、配套水肥管理设备等，实现光、温、水、肥、气等因子的自动监控和作业机械的自动化控制；设计工厂化的育苗、移栽、嫁接等技术和设备，提高生产效率；研发物理和生物防虫技术，开发生物农药等产品安全性更高的病虫害防治技术和产品；建立有机碳肥与无机碳肥结合的增碳补碳技术，开发环境友好型土壤调理剂、生物可降解地膜等产品促进设施土壤的可持续利用。通过任务实施，将形成适用于不同作物的现代化设施温室设计和建设规程，建立设施栽培管理技术体系，开发系列设施农业专用产品，提高农产品产量和质量，促进我国设施农业的现代化发展。

11.2.14　海洋牧场构建

针对我国渤海、黄海、东海、南海四大海区不同特点的海洋牧场产业发展紧迫需求，重点开展海洋牧场生物属性功能区高效配置技术、海洋牧场生物栖息地重建优化技术、海洋牧场生物扩繁增殖技术、资源种群恢复维护技术和产出效益提升技术研发，从声、光、电、磁、气泡幕、水团、温跃层、人造诱导环境等方面研发海洋牧场生物驯化控制技术和生态渔具渔法利用技术，建设海洋牧场生态渔业系统自动化、数字化监管技术平台，构建一整套适合我国不同海域特点的海洋牧场建设和高效利用技术模式，使之具备实现我国近海牧场化的技术能力，进行产业化推广应用，提高我国海洋资源环境保护利用水平，促进渔民增产增收，实现近海生态系统可持续利用工厂化水产养殖围绕我国水产养殖业转型升级过程中重要科技需求，针对现阶段工厂化养殖技术体系不完善、生产资源利用率不高、设施设备稳定性差、自动化与信息化程度低等突出问题，重点探究封闭循环水养殖系统、工程化池塘养殖系统等人工生态环境要素形成及稳定机制；开展工厂化养殖条件下主要品种养殖生物学、病害防控、动物福利、管理策略等研究；开展养殖废水资源化利用、多营养层次综合养殖、"鱼菜共生"复合养殖等理论技术研究；加强标准化水产养殖设施设备研发，开展养殖工程整合物联网、数字化管理技术的研究与应用；着力突破工厂化适宜养殖环境生态调控策略、标准化养殖生产管理技术体系构建、资源高值化利用以及养殖工程精准化管理等关键技术，促进水产养殖业实现资源节约，环境友好，健康养殖，优质高效、高度可控的工业化生产目标，支撑我国现代渔业健康可持续发展。

11.3　农业技术转移未来发展趋势

11.3.1　由大而全转化到农业技术细分领域的转化

农业技术涉及的领域很多，从种植、养殖、到兽药、农产品加工，涉及一、二、三产业，因此大而全的技术转移机构很难做到专业服务，因此在细分领域类的技术转移机构会逐渐增多，目前已经涌现出一批专业从事农产品加工、微生物工程、品种权的技术转移机构，并且得到了更快的发展，因此找准定位，找准特长，进行农业技术细分领域的转化，是未来发展趋势。

11.3.2　农业技术转移人才建设更加完善

随着农业技术转移职称纳入人力资源和社会保障部职称序列，以及技术转移市场的繁荣，更多的年轻人进入了技术转移队伍，服务专业化程度提升，从知识产权、到法律，从技术开发到融资，贯穿了整个产业链条，让技术转移人才大有可为，促进了技术转移人才建设。

11.3.3　农业技术转移与金融的密切结合

当前，我国正处于传统农业向现代农业转型跨越的关键时期，新型农业经营主体不断涌现，农业规模化、标准化、组织化、集约化水平持续提高，先进科学技术和农业装备应用快速推广，农业进入了高投入、高成本的发展阶段，农业农村经济对金融支持和服务的需求越来越旺盛，依赖程度显著增强。金融政策是强农惠农富农政策体系的重要组成部分，稳步加大金融支农力度，对保障粮食安全、增加农民收入、建设现代农业、推进城乡一体化具有重要意义。但是，当前农村金融供给与需求之间的通道仍然不畅，农业农村经济发展的金融需求尚未得到有效满足，这已成为农村金融领域最突出的矛盾之一，也是制约现代农业发展最重要的因素之一。

11.3.4　技术转移对农业科技工作的推动作用会加强

技术热点追踪是科技工作者必需的技能，空白即热点。农业技术转移工作一头连着科技，一头连着产业，因此政府科技决策机构、产业决策机构以及科技工作者会越来越依靠技术转移，倾听并采纳技术转移工作者提出的科技、产业意见，技术转移已经成为影响职称评定、影响政府政策出台的风向标。

11.3.5　农业技术转移综合化服务能力增强

农业技术转移向纵深发展是其发展必然，在纵深行业内深耕需要加强综合服务能力，除了提升技术转移能力以外，行业的熟悉程度、行业周边、关于技术转移整个体系都需要技术经理人了解，特别是农业产业经常以农业产业园区的形式出现，以土地为生产对象的行业，规模大、产业形式多样、涉及一、二、三产业。因此技术转移综合服务能力需要增强才能适应未来农业产业发展。

11.3.6　农业技术转移交叉学科建设

农业行业发展需要其他行业的支撑，需要新技术的导入，因此农业产业领域出现了大健康管理、营养医学、农业大数据、信息技术等交叉学科的出现，交叉学科领域作为新的经济增长点，也会成为技术转移的热点，技术经理人应该提前关注。

附 录

政策解读

第12章
农业科技成果转化相关政策文件

12.1 国家科技成果转化"三部曲"

国家科技成果转化"三部曲"指的是 2015 年 8 月发布的《中华人民共和国促进科技成果转化法》（修订）、2016 年 2 月发布的《实施〈中华人民共和国促进科技成果转化法〉若干规定》以及 2016 年 4 月发布的《促进科技成果转移转化行动方案》。

12.1.1 《中华人民共和国促进科技成果转化法》

本法由全国人民代表大会常务委员会于 1996 年首次发布，于 2015 年 8 月 29 日在第十二届全国人民代表大会常务委员会第十六次会议上《关于修改〈中华人民共和国促进科技成果转化法〉的决定》修正，包含总则、组织实施、保障措施、技术权益、法律责任、附则共六章内容。

本次修订有以下特点。

（1）科技成果转化的处置权和收益下放。国立研究开发机构、高校可以依法自主决定转让、许可或者作价投资；并且转化科技成果的收入全部留归本单位。破解了相关机构对科技成果处置手续烦琐，转化所得需全部上缴财政，无法有效反哺科研和产业发展的束缚。

（2）提高完成、转化科技成果重要贡献人员奖酬。新法规定科技成果完成单位可以规定或者与科技人员约定奖励和报酬并且应充分听取本单位科技人员的意见并公开相关规定；明确对科研人员奖励和报酬的最低标准由不低于职务科技成果转让、许可收入或者作价投资形成的股份、出资比例的20%上调至50%；国企、事业单位用于对完成、转化科技成果人员的奖酬支出不受当年工资总额限制。

（3）充分发挥企业在科技成果转化中的主体作用。利用财政资金设立的科技项目，发挥企业在研发方向、项目实施和成果应用中的主导作用。

（4）注重成果信息分享。为进一步拉近科技成果供需双方，促进科技成果转化，拟建立涵盖财政资金和非财政资金立项的科技成果信息系统。

（5）建立有利于促进科技成果转化的绩效考核评价体系。将科技成果转化情况作为对相关单位及人员评价、科研资金支持的重要内容和依据之一。

12.1.2 《实施〈中华人民共和国促进科技成果转化法〉若干规定》

为加快实施创新驱动战略，落实《中华人民共和国促进科技成果转化法》，通科技与经济结合的通道，促进大众创业、万众创新，鼓励研究开发机构、高等院校、企业等创新主体及科技人员转移转化科技成果，推进经济提质增效升级。国务院于 2016 年 2 月 26 日印发《实施〈中华人民共和国促进科技成果转化法〉若干规定》。

本文件包括三大部分，分别是"促进研究开发机构、高等院校技术转移""激励科技人员创新创业""营造科技成果转移转化良好环境"。

与《中华人民共和国促进科技成果转化法》相比，本规定对法律进行了细化和补充，明确了具体的操作程序。如明确协议定价的科技成果，需在本单位公示科技成果名称和拟交易价格，公示时间不少于15日；明确科技成果转化情况年度报告的内容及报送时间，每年3月30日前报送至主管部门，4月30日前报送至指定的信息管理系统。

文件明确了科技成果转化工作中开展技术开发、技术咨询、技术服务等活动给予的奖励可参照促进科技成果转化法和本规定执行。担任国立研究开发机构、高校的科研人员可以到企业兼职或离岗创业，保留3年人事关系。

针对担任领导职务的科技人员获得科技成果转化奖励的情况，提出了分类管理的办法。明确相关单位的正职领导对成果转化做出重要贡献的，可依法获得现金奖励，原则上不得获得股权激励；担任领导的科技人员的科技成果转化收益分配应公开公示。

同时提出尽职免责条款，单位领导在科技成果转化中履行勤勉尽责义务，在没有牟取非法利益的前提下，免除其在科技成果定价中因科技成果转化后续变化产业的决策责任。

12.1.3 《促进科技成果转移转化行动方案》

为落实《中华人民共和国促进科技成果转化法》，加快推动科技成果转化为现实生产力，依靠科技创新支撑稳增长、促改革、调结构、惠民生，国务院办公厅于2016年4月21日印发《促进科技成果转移转化行动方案》。包含总体思路、重点任务、组织与实施三大部分内容，并附有重点任务分工及进度安排表。

与《促进科技成果转化法》《实施促进科技成果转化法若干规定》不同，方案在重点领域和关键环节有针对性的提出一批举措和任务。明确提出了"十三五"期间有关科技成果转移转化的工作的行动目标和量化任务指标。其中行动目标涵盖了科技成果转化工作的多主体、全链条和全要素，全面发力促进科技成果转化。

方案明确提出了20项重点任务的分工及进度安排。涉及科技成果信息数据的汇集与应用；服务于科技成果转移转化的技术转移机构、产业技术创新联盟、中试基地、网络平台、众创空间、技术转移人才培训基地、离岸创新创业基地、国家科技成果转移转化试验示范区建设；相关标准、规范的制定；促进科技成果转化的金融服务；科研单位、高校相关制度改革创新等。

12.2 国家技术转移体系建设方案

为深入落实《中华人民共和国促进科技成果转化法》，加快建设和完善国家技术转移体系，国务院于2017年9月15日印发了《国家技术转移体系建设方案》。方案包括总体要求、优化国家技术转移体系基础架构、拓宽技术转移通道、完善政策环境和支撑保障、强化组织实施五大方面的内容，部署构建符合科技创新规律、技术转移规律和产业发展规律的国家技术转移体系，全面提升科技供给与转移扩散能力。

方案首次提出"国家技术转移体系"的概念。国家技术转移体系是促进科技成果持续产生，推动科技成果扩散、流动、共享、应用并实现经济与社会价值的生态系统。

同时设计了一个体系框架，从技术的需求、供给、转移服务端同时发力，将现有技术转移所有相关工作和环节联动起来，补短板，强化体系的全要素配置。

方案从基础架构、转移通道、支撑保障三方面对国家技术转移体系进行了系统布局。基础架构中，对高校、科研院所、企业等创新主体，技术市场、技术服务机构、技术转移人才等方面进行部署；扩散通道上，对科技型创新创业、军民融合、区域带动、国际合作等方便做出要求；支撑保障上，对科技评价、政策配套、投融资服务、知识产权保护、信息对接、社会氛围等做出了安排。

在国有技术类无形资产管理、职务科技成果所有权、科技成果转化奖酬税收、知识产权等方面提出了一些突破性的改革举措。

12.3 国家自主创新能力建设及成果产业化若干政策

国家自主创新能力建设及成果产业化相关政策包括 2007 年 1 月发布的《国家自主创新基础能力建设"十一五"规划》、2008 年 12 月发布的《关于促进自主创新成果产业化的若干政策》及 2013 年 1 月发布的《"十二五"国家自主创新能力建设规划》。

12.3.1 《国家自主创新基础能力建设"十一五"规划》

围绕建设创新型国家的总体目标，为了系统构建国家自主创新支撑体系，明确政府工作的重点和引导社会投入的方向，有效提升国家自主创新能力，完善国家创新体系建设，国务院办公厅于 2007 年 1 月发布了《国家自主创新基础能力建设"十一五"规划》。

规划深入剖析了我国自主创新能力建设存在的问题。即国家自主创新支撑体系的统筹规划和科学布局有待加强；科学、健全、高效的建设、运行、管理机制急需完善，公共科技设施的开放共享和产业研发设施建设中如何充分发挥市场机制的作用问题有待进一步解决；产业共性技术供给能力相对薄弱，企业的自主创新能力仍显不足，企业创新主体的作用有待进一步发挥等。

为了针对性解决我国自主创新能力建设存在的问题，规划明确了"十一五"期间国家自主创新基础能力建设的行动目标和量化指标。围绕研究实验体系、科技公共服务体系、产业技术开发体系、企业技术创新体系和创新服务体系五个层面，对创新过程的完整链条进行了工作部署。明确了重大科技基础设施建设工程、科技基础条件平台建设工程、知识创新工程和技术创新工程 4 项重大工程，为突破科技发展和产业技术的瓶颈制约，带动国家自主创新能力的整体提升指明方向。

为保障国家自主创新基础能力建设规划的施行，规划从财税、金融政策，多元化资金投入，机制体制改革，人才培养，国际合作等方面，加强创新，制定一系列符合自主创新基础能力建设的政策和办法。

12.3.2 《关于促进自主创新成果产业化的若干政策》

为加快推进自主创新成果产业化，提高产业核心竞争力，促进高新技术产业的发展，2008 年 12 月 15 日，发展改革委、科技部、财政部、教育部、人民银行、税务总局、知识产权局、中科院及工程院九部委联合发布了《关于促进自主创新成果产业化的若干政策》。从培育企业自主创新成果产业化能力、大力推动自主创新成果的转移、加大自主创新成果产业化投融资支持力度、营造有利于自主创新成果产业化的良好环境、切实做好组织协调工作五个方面就加快推进自主创新成果产业化进行了部署。

文件明确强调企业在自主创新成果转化的主体地位。在提升企业研发、产业化能力上给予政策、资金、项目的支持，并在相关税收优惠上依法给予倾斜。强调高校、科研机构对企业的技术转移。针对高校、科研机构与企业科技成果信息不对称、自主创新成果转移机制不健全等问题，提出针对成果发布机制、转移机制、奖励税收政策、人员评价机制上进行完善。

文件体现出政府在促进自主创新成果产业化方式发生转变。在重视项目支持的基础上，更加注重产业化环境的营造，在完善知识产权保护、政策制定、技术服务及成果产业化专业人才队伍建设上做出安排。

12.3.3 《"十二五"国家自主创新能力建设规划》

2013 年 1 月 15 日，国务院印发了《"十二五"国家自主创新能力建设规划》，就进一步加强自主创新能力建设，加快推进创新型国家建设做出部署。

规划从创新基础条件、重点领域创新、创新主体实力、区域创新能力布局、创新环境 5 个方面提出了一系列行动目标和量化指标。明确科技创新基础条件，重点产业持续创新能力，重点社会领域创新能力，区域创新发展能力，创新主体能力建设，创新人才队伍建设，创新能力建设环境等了 7 个方面的重点任务。

规划对重点任务的细化程度深。对包括农业、制造业、战略新兴产业、现代服务业、能源产业和综合交通运输在内的重点产业，包括教育、医疗卫生、文化、公共安全在内的重点社会领域的创新能力建设进行了细致的要求与布置。同时规划设置了专栏，明确对制造业创新能力、战略性新兴产业创新能力、能源产业和综合交通运输创新能力、公共安全保障能力、企业技术创新基础能力、高等院校和科研院所创新能力 6 个方面的建设重点。

12.4 县域创新驱动发展政策

县域创新驱动发展政策包括 2017 年 5 月发布的《关于县域创新驱动发展的若干意见》、2018 年 8 月发布的《建设创新型县（市）工作指引》。

12.4.1 《关于县域创新驱动发展的若干意见》

为贯彻落实全国科技创新大会精神，全面实施《国家创新驱动发展战略纲要》，推动实施县域创新驱动发展，2017 年 5 月 11 日，国务院印发《关于县域创新驱动发展的若干意见》。

文件秉持创新驱动、人才为先、需求导向、差异发展四大总体基本原则，明确了加快产业转型升级、培育壮大创新型企业、集聚创新创业人才、加强创新创业载体建设、促进县域社会事业发展、创新驱动精准扶贫精准脱贫、加大科学普及力度、抓好科技创新政策落地 8 大重点任务，并提出了"实施国家创新调查制度，开展县市创新能力监测"的要求。

根据要求，科技部对全国 1 800 多个县（市）开展了创新能力检测工作，有助于摸清我国县域创新的"家底"，找出县域创新的"症结"，探索县域创新模式与路径，对构建多层次、多元化县域创新驱动发展格局，推动县域高质量发展，促进创新型国家建设有重大意义。

12.4.2 《建设创新型县（市）工作指引》

为形成县域创新驱动发展环境更加优化，创新驱动发展能力大幅提升，产业竞争力明显增强，城乡居民收入显著提高，生态环境更加友好的新局面，2018 年 8 月科技部印发了《建设创新型县（市）工作指引》。

文件旨在推动实施创新驱动发展战略，建设创新型国家、创新型省份和创新型城市；加快产业转型升级，打造发展新引擎，培育增长新动能；促进社会事业发展，精准扶贫精准脱贫，全面建成小康社会；培育壮大创新型企业，集聚创新创业人才，推进新型城镇化建设，促进一二三产融合发展。并从组织领导、政策支持、宣传引导三个方面进行保障。

截至 2022 年，科技部已批复建设 52 个国家创新型县（市），涉及产业发展、生态文明、民生改善多个类型。县（市）创新能力明显提升，创新成效尤为显著，成为县域创新驱动发展的标杆。预计到 2025 年，累计建成 100 个左右创新型县（市），打造创新驱动乡村振兴的示范样板，对于促进新型城镇化建设、加快乡村振兴具有重要意义。

12.5　农业园区高质量发展政策

园区高质量发展政策包括 2018 年发布的《国家农业科技园区发展规划（2018—2025 年）》、2018 年 9 月发布的《国家农业高新技术产业示范区建设工作指引》。

12.5.1　《国家农业科技园区发展规划（2018—2025 年）》

为深入贯彻党的十九大关于"实施乡村振兴战略"部署和《中共中央国务院关于实施乡村振兴战略的意见》精神，认真落实《"十三五"国家科技创新规划》和《"十三五"农业农村科技创新规划》要求，进一步加快国家农业科技园区（以下简称"园区"）创新发展，科技部于 2018 年 1 月印发了《国家农业科技园区发展规划（2018—2025 年）》。

规划明确了全面深化体制改革，积极探索机制创新、集聚优势科教资源，提升创新服务能力、培育科技创新主体，发展高新技术产业、优化创新创业环境，提高园区双创能力、鼓励差异化发展，完善园区建设模式、建设美丽宜居乡村，推进园区融合发展六大重点任务。提出了强化组织领导、加大政策支持、加强协同发展开展监测评价四大保障措施要求。

截至 2022 年，科技部已建成 286 家国家农业科技园区并定期开展监测评价工作，园区呈现出产业特色鲜明、发展模式多样的特点，对现代农业产业转型升级、推动农业科技成果转化，加速我国由传统农业向现代农业转变具有重大意义。

12.5.2　《国家农业高新技术产业示范区建设工作指引》

为推进国家农业高新技术产业示范区（以下简称示范区）建设发展，抢占农业科技竞争的制高点，发挥科技创新在农业供给侧结构性改革中的关键和引领性作用，提高农业综合效益和竞争力，连片带动乡村振兴，科技部于 2018 年 9 月印发了《国家农业高新技术产业示范区建设工作指引》。

指引要求到 2025 年，在全国范围内建设一批国家农业高新技术产业示范区，打造现代农业创新高地、人才高地、产业高地。探索农业创新驱动发展路径，显著提高示范区土地产出率、劳动生产率和绿色发展水平。依靠科技创新，着力解决制约我国农业农村发展的突出问题，形成可复制、可推广的模式，提升农业可持续发展水平。

截至 2022 年，已有 9 家国家农业高新技术产业示范区批复建设，通过加强先进技术引领和产业环节关联，引领传统农业产业向高效化、绿色化、智能化和品牌化方向转型，实现了经济和社会效益兼顾的高质量发展目标，在保障国家粮食安全、推进乡村振兴等方面示范引领作用成效显著。

12.6　支持成果转化的农业科技金融政策

为了贯彻落实党中央、国务院关于着力提升金融服务实体经济质效的部署要求，科技部与中国农业银行围绕打造科技、产业、金融紧密融合的创新体系，提升我国农业科技自立自强和自主创新水平，联合印发《关于加强现代农业科技金融服务创新支撑乡村振兴战略实施的意见》。

本意见主要包括高度重视现代农业科技金融服务工作、建立政银"双向多级联动"工作机制、加大现代农业科技信贷支持力度、支持国家科技计划项目实施和成果转化、重点支持种业科技创新和种业企业高质量发展、助力国家农业科技园区建设、加快推动县域创新驱动发展、扶持新型研发机构和科技企业加快成长、多措并举做好综合服务等相关内容。

第13章
农业技术转移相关基金和税收政策

13.1 国家科技成果转化引导基金及税收相关政策

为贯彻落实《国家中长期科学和技术发展规划纲要》，加速推动科技成果转化与应用，引导社会力量和地方政府加大科技成果转化投入，财政部、科技部于2011年设立国家科技成果转化引导基金。基金的支持方式包括：设立创业投资子基金、贷款风险补偿与绩效奖励。

2011年7月4日，财政部、科技部联合印发《国家科技成果转化引导基金管理暂行办法》，2014年8月8日，科技部、财政部印发《国家科技成果转化引导基金设立创业投资子基金管理暂行办法》，2015年12月4日，科技部、财政部印发了《国家科技成果转化引导基金贷款风险补偿管理暂行办法》。

为贯彻《国家中长期科学和技术发展规划纲要（2006—2020）》精神，扶持创业投资企业发展，财政部、国家税务总局于2007年2月7日印发《关于促进创业投资企业发展有关税收政策的通知》，2009年4月30日，国家税务总局印发《关于实施创业投资企业所得税优惠问题的通知》，2018年5月14日，财政部、国家税务总局印发《关于创业投资企业和天使投资个人有关税收政策的通知》，2018年7月30日，国家税务总局印发《关于创业投资企业和天使投资个人税收政策有关问题的公告》。

13.1.1 《国家科技成果转化引导基金管理暂行办法》

国家科技成果转化引导基金设立了科技成果转化项目库。能够对利用财政资金形成的科技成果进行统一管理和服务，为合作的创投机构、银行及其他成果转化参与者提供信息服务。

创投子基金的设立，除了对科技成果转化提供资金支持外，还能发挥基金管理团队对被投企业在管理、人才、产业链资源等全方位的服务。贷款风险补偿机制的建立，可以解决在科技成果转化风险较大的情况下，中小企业难以从银行获得信贷支持的问题。

基金设立的绩效奖励方式有助于引导和激励科研院所、高校、和企业加强科技成果转化，促进战略性新兴产业和支撑当前国家重点行业、关键领域的发展。设立专家咨询委员会以保障转化基金的正确发展。同时，地方可以参照本办法设立科技成果转化引导基金，促进科技成果转化。

13.1.2 《国家科技成果转化引导基金设立创业投资子基金管理暂行办法》

办法规定了子基金成立原则，即按照政府引导、市场运作、不以营利为目的的原则设立，重在支持科技成果转化。明确子基金投资科技成果转化的资金比例、其他投资方向的要求及不得从事的业务等措施，引导资本投向财政资金形成科技成果的转化应用。

　　明确引导基金不参与子基金日常管理，子基金采取公司制或合伙人制的形式设立，委托符合要求的创投机构管理，市场化运作。

　　体现非营利性。引导基金在子基金股权或份额转让时的金额计算方式，存续期结束时根据平均收益情况对管理机构的奖励，都体现了子基金的非营利性。

　　办法制定了包括亏损分担、撤销出资的措施以保障引导基金的权益。即引导基金以出资额为限对子基金债务承担责任，子基金清算出现亏损时，首先由子基金管理机构以其对子基金的出资额承担亏损，剩余部分由引导基金和其他出资人按出资比例承担；子基金在出现办法规定的 5 种情况之一时可选择退出，且无须经由其他出资人同意。

13.1.3　《国家科技成果转化引导基金贷款风险补偿管理暂行办法》

　　贷款风险补偿是指转化基金对合作银行发放用于转化国家科技成果转化项目库中科技成果的贷款（以下简称科技成果转化贷款）给予一定的风险补偿。贷款应符合年销售额 3 亿元以下的科技型中小企业用于科技成果转化和产业化的贷款，且期限为 1 年期（含 1 年）以上。

　　贷款风险补偿遵循"政府引导、共同支持、风险分担、适当补偿"的工作原则。针对用于转化国家科技成果转化项目库中科技成果的贷款进行风险补偿，体现政府引导；转化基金和地方财政共同出资设立贷款风险补偿资金，对银行信贷支持科技成果转化进行奖补，体现共同支持的原则；转化基金和合作银行对转化科技成果贷款产业的风险进行分担，体现风险分担的原则；转化基金对合作银行发放科技成果转化贷款进行一定比例的补偿，体现适当补偿原则。

　　办法明确了合作银行应符合的条件、对合作银行的要求和评估监管。明确贷款风险补偿资金工作涉及的管理主体及工作职责。明晰贷款风险补偿资金的申请程序及金额的确定。

13.1.4　《关于促进创业投资企业发展有关税收政策的通知》

　　创业投资企业采取股权投资方式投资于未上市中小高新技术企业 2 年以上（含 2 年），符合文件规定条件的，可按其对中小高新技术企业投资额的 70% 抵扣该创业投资企业的应纳税所得额，在当年不足抵扣的，可在以后纳税年度逐年延续抵扣。

　　通知明确了创业投资企业申请享受投资抵扣应纳税所得额应时应向其所在地的主管税务机关报送的材料清单。当地主管税务机关对材料汇总审核并签署意见后按备案管理部门的不同层次报送上级主管机关，上级财政、税务部门共同审核通过后公布享受税收优惠的创业投资企业名单并报财政部、国家税务总局备案。

13.1.5　《关于实施创业投资企业所得税优惠问题的通知》

　　为落实创业投资企业所得税优惠政策，促进创业投资企业的发展制定本文件。

　　明确创业投资企业的概念；符合文件要求，在股权持有满 2 年的当年抵扣创业投资企业的应纳税所得额；当年不足抵扣的，可以在以后纳税年度结转抵扣。

　　创业投资机构投资的中小高新技术企业，还应符合职工人数不超过 500 人，年销售（营业）额及资产总额均不超过 2 亿元的条件。

　　对于投资 2007 年以前取得资格的中小高新技术企业且 2008 年继续符合标准时，向其投资满 24 个月的计算，可自创业投资企业实际向其投资的时间起计算。

　　中小企业接受创业投资之后，应自其被认定为高新技术企业的年度起，计算创业投资企业的投资期限，该期限内中小企业规模超过中小企业标准，但仍符合高新技术企业标准的，不影响创业投资企业享受有关税收优惠。

　　明确了创业投资企业申请享受投资抵扣应纳税所得额，应在其报送申报表以前，向主管税务机关报送的相关资料清单。

13.1.6 《关于创业投资企业和天使投资个人有关税收政策的通知》

本文件为进一步支持创业投资发展，明确创业投资企业和天使投资个人有关税收政策的相关问题。

分别就不同类型的投资主体包括公司制创业投资企业、有限合伙制创业投资企业、天使投资个人，采取股权投资方式直接投资于初创期科技型企业满2年情况下，应如何享受抵扣所得税额进行了说明。

明确了本文件所称初创期科技企业应符合的条件。即在中国境内注册成立、事项查账征收的居民企业，在接受投资时，从业人数不超过200人、大学本科以上人数不低于30%，资产总额和年销售额均不超过3 000万元，设立时间不超过5年，接受投资时以及接受投资后2年内未在境内外证券交易所上市，接受投资当年及下一纳税年度，研发费用总额占成本费用支出的比例不低于20%。

规定了享受本文件规定税收优惠政策的创业投资企业、天使投资人应符合的条件。

明确了享受本通知规定的税收政策的投资，仅限于通过向被投资初创科技型企业直接支付现金方式取得的股权投资，不包括受让其他股东的存量股权。

对研发费用、从业人数、销售收入、成本费用、投资额所执行的概念、标准进行了规定。

13.1.7 《关于创业投资企业和天使投资个人税收政策有关问题的公告》

本公告为贯彻落实《财政部 税务总局关于创业投资企业和天使投资个人有关税收政策的通知》制定发布。

（1）相关政策执行口径

对《财政部税务总局关于创业投资企业和天使投资个人有关税收政策的通知》所提及的"满2年""研发费用总额占成本费用支出的比例""出资比例""从业人数及资产总额"等概念给予明确执行标准；法人合伙人投资于多个符合条件的合伙创投企业，可合并计算其可抵扣的投资额和分得的所得；符合条件的合伙创投企业包括符合《国家税务总局关于有限合伙制创业投资企业法人合伙人企业所得税有关问题的公告》（国家税务总局公告2015年第81号）规定条件的合伙创投企业。

（2）办理程序和资料

企业所得税。就公司制创投企业和合伙创投企业法人合伙人申报企业所得税优惠的程序进行说明。

个人所得税。分别就合伙创投企业个人合伙人、天使投资个人申报个人所得税优惠的程序及所需相关资料进行了说明。

其他事项。明确了对初创科技型企业是否符合规定条件有异议的处理方式及弄虚作假骗取投资抵扣的处理。

13.1.4~13.1.7四项政策可以理解为国家为促进创业投资企业发展，引导社会资本投入中小型高新技术企业，促进科技成果转化落地的系列政策。后续政策是对前述政策的补充、完善，是根据我国社会发展变化，不断动态调整的税收政策。

13.2 农业科技成果转化资金项目管理相关办法

为了贯彻落实《农业科技发展纲要》，加速农业、林业、水利等科技成果（以下简称农业科技成果）转化，提高国家农业技术创新能力，为我国农业和农村经济发展提供强有力的科技支撑，经国务院批准，设立农业科技成果转化资金。

　　为加强转化资金项目管理，提高转化资金的使用效率和效益，科技部和财政部共同制定了《农业科技成果转化资金项目管理暂行办法》并于 2001 年 8 月 28 日发布；为加强农业科技成果转化资金项目实施过程的监督管理，强化国务院有关部门和地方科技主管部门的监督管理作用，保证转化资金项目的实施效果，切实推进农业科技成果尽快转变为现实生产力，科技部会同财政部制定了《农业科技成果转化资金项目监理和验收办法》（试行），于 2002 年 10 月 28 日发布。

13.2.1　《农业科技成果转化资金项目管理暂行办法》

　　本办法内容包括总则、组织机构和智能、支持方向和重点、支持对象和支持方式、项目申报与审批、项目管理与监督检查及附则。

　　办法明确了项目资金来源及资金性质，资金使用的领域与原则，项目资金重点支持的方向、支持对象及支持方式。同时明确项目申报单位应具备的条件及申报流程，规定了项目的管理与监督检查程序。

13.2.2　《农业科技成果转化资金项目监理和验收办法》

　　本办法包括总则、项目监理、项目验收、附则四部分。旨在加强农业科技成果转化资金项目实施过程的监督与管理。明确监理单位，监理工作的依据、监理内容、工作程序及不合格单位的处罚措施。明确项目验收的依据、验收内容及验收程序。

第14章
高校、科研机构产权制度改革及
成果转化相关政策

14.1 《加快推进高等学校科技成果转化和科技协同创新若干意见（试行）》

为加快实施创新驱动发展战略，进一步深化高等学校科技成果转化体制机制创新，激发高等学校科技资源活力，北京市人民政府办公厅于2014年1月印发了《加快推进高等学校科技成果转化和科技协同创新若干意见（试行）》，简称"京校十条"，即从十个方面创新突破，加快高校科技成果转化和科技协同创新。

京校十条作为北京市推进中关村示范区发展的先行先试政策之一，旨在通过机制体制创新进一步激发高等学校在首都创新体系建设和创新驱动发展中的重要作用。

京校十条对高校国有资产管理政策进行了深化补充，在通过市场机制促进成果转化、国有资产处置等方面进行了积极探索。提高了给予科技人员成果转化收益的奖励比例，调动科技人员开展科研与成果转化的积极性。开展间接费用补偿试点、市财政对高校科研经费的倾斜支持，将进一步促进高校开展科研工作与科技协同创新。将高校纳入"首都科技条件平台"建设，能够提高高校实验资源的使用效率，同时提升高校对外的研发服务能力，促进产学研相结合。明确了高校科技人员创办企业、持有企业股权、到科技企业兼职等相关规定。

文件明确设立科技成果转化岗，解决高校中专职从事科技成果转化科技人员的岗位和职称评定问题，调动其工作积极性，促进高校科技成果转化。

引导大学生创业，在学籍管理和创业政策上给予支持。

14.2 《关于实行以增加知识价值为导向分配政策的若干意见》

为加快实施创新驱动发展战略，激发科研人员创新创业积极性，在全社会营造尊重劳动、尊重知识、尊重人才、尊重创造的氛围，中共中央办公厅、国务院办公厅于2016年11月印发了《关于实行以增加知识价值为导向分配政策的若干意见》。文件中明确要加强科技成果产权对科研人员的长期激励。

文件针对性的解决科技人员的智力劳动与收入分配不完全匹配，具有长期激励作用的政策缺失、分配机制不健全等问题。以增加知识价值分配为导向设计收入分配机制，从基本工资、绩效工资、成果转化奖励措施三个方面进行安排，使科研人员的收入分更科学、更切合实际。

文件强调产权激励对科研人员收入分配的长期激励作用，明确了具体措施。在政策上，完善递延纳税优惠政策，有助于鼓励科研人员创新创业。

14.3 《赋予科研人员职务科技成果所有权或长期使用权试点实施方案》

为深化科技成果使用权、处置权和收益权改革，进一步激发科研人员创新热情，促进科技成果转化。2020年5月9日，由科技部、发展改革委、教育部、工业和信息化部、财政部、人力资源社会保障部、商务部、知识产权局、中科院9部门联合印发《赋予科研人员职务科技成果所有权或长期使用权试点实施方案》。本方案包括总体要求、试点主要任务、试点对象和期限、组织实施四部分内容。

方案包含以下特点：

（1）明确赋权的成果类型和条件。类型包括专利权、计算机软件著作权、集成电路布图设计专有权、植物新品种权，以及生物医药新品种和技术秘密；条件包括具备权属清晰、应用前景明朗、承接对象明确、科研人员转化意愿强烈等。

（2）明确赋权工作实质是激励方式并充分尊重科研人员意愿。根据科研人员意愿采取转化前赋予职务科技成果所有权（先赋权后转化）或转化后奖励现金、股权（先转化后奖励）的不同激励方式。

（3）明确科技成果所有权和长期使用权赋权程序。

（4）明确配套措施的重要性。包括探索形成符合科技成果转化规律的国有资产管理模式，加强对科技成果转化的全过程管理和服务，赋权科技成果转化的科技安全和科技伦理管理，建立相应容错和纠错机制，实行审慎包容监管，充分发挥专业化技术转移机构的作用。

（5）动态的试点方案。对于试点前有关地方和单位已经开展的科技成果赋权和转化成功经验、做法和模式，及时纳入试点方案；发现的问题和偏差，及时解决纠正。

第15章
企业开展股权激励相关政策

15.1 《关于中关村国家自主创新示范区有关股权奖励个人所得税试点政策的通知》

2014 年 8 月 30 日，财政部、国家税务总局、科技部联合印发《关于中关村国家自主创新示范区有关股权奖励个人所得税试点政策的通知》。明确示范区内的高新技术企业和科技型中小企业转化科技成果，以股份或出资比例等股权形式给予本企业相关人员的奖励，在缴纳个人所得税时执行的规定。

《通知》明确股权奖励的税款在获得奖励人员取得分红或转让股权时一并缴纳，税款由企业代扣代缴；明确股权分红、转让时税款的计算方式；同时还明确了获得奖励人员在转让该部分股权之前，企业依法破产时，处置相关权益后相关收益和资产少于应缴税款，不足的部分可以不予追征。

《通知》对享受股权奖励税收政策的人员进行了解释；企业面向全体员工实施的股权奖励，不得按本通知规定的税收政策执行。

15.2 《国有科技型企业股权和分红激励暂行办法》

为进一步激发广大技术和管理人员的积极性和创造性，促进国有科技型企业健康可持续发展，财政部、科技部、国资委在中关村国家自主创新示范区股权和分红激励试点办法的基础上，制定了《国有科技型企业股权和分红激励暂行办法》，并于 2016 年 2 月 26 日印发。

《办法》明确了适用国有科技型企业、股权激励、分红激励的定义。国有科技型企业实施股权和分红激励应遵循的实施条件。

明确用于激励的股权来源、股权激励方式及股权激励总额、单个激励对象奖励额度的限制。

阐明了企业实施分红激励应遵循的规定和需满足的条件。

明确激励方案的管理规定，包括责任主体、报批流程、实施监管等。

15.3 《关于完善股权激励和技术入股有关所得税政策的通知》

为支持国家大众创业、万众创新战略的实施，促进我国经济结构转型升级，2016 年 9 月 30 日，财政部、国家税务总局印发了《关于完善股权激励和技术入股有关所得税政策的通知》。

此次调整和完善股权激励税收政策，主要为充分调动科研人员的积极性，促进创新驱动发展战略的实施。在规定严格限制条件的前提下，对符合条件的非上市公司股权激励实施递延纳税优惠政策，优惠政策针对的股权激励方式由目前的股权奖励扩大到股票（权）期权、限制性股票等其他方式；在转让环节的一次性征税统一适用20%的税率，比原来税负降低10~20个百分点，有效降低纳税人税收负担。

15.4 《关于股权激励和技术入股所得税征管问题的公告》

2016年9月，国家税务总局于就股权激励和技术入股有关所得税征管问题发布公告，就《关于完善股权激励和技术入股有关所得税政策的通知》相关政策实施时涉及的有关所得税征管问题进行了细化。

明确个人所得税方面包括最近6个月在职职工平均人数确定方法，不符合递延纳税条件的税务处理，员工取得符合递延纳税条件和不符合递延纳税条件的股权激励的税收处理，公平市场价格的确定，企业备案的规定，股权转让时需要提供的资料。企业所得税方面包括政策对企业类型的要求，政策的征管规定。

参考文献

陈世金，冯利民，2015. "三农"信贷抵押担保新模式 [J]. 中国乡镇企业会计 (10)：55-57.

陈涛涛，1998. 现代企业资产评估 [M]. 北京：经济科学出版社.

陈伟，2018. 浅析融资担保机构风险管理问题 [J]. 中国市场 (19)：52-53.

成晓建，2018. 技术经纪人培训教程 [M]. 上海：同济大学出版社.

董炳和，2005. 地理标志及原产的名称等相关概念的研究 [M]. 北京：中国政法大学出版社.

高卢麟，1993. 专利事务手册 [M]. 北京：专利文献出版社.

耿燕，张业倩，2018. 国际技术转移可持续发展模式研究及启示 [J]. 科技和产业，18 (5)：117-120.

顾卫兵，蒋丽丽，袁春新，等，2017. 日本、荷兰农业科技创新体系典型经验对南通市的启示 [J]. 江苏农业科学，45 (18)：307-313.

何忠伟，隋文香，2009. 农业知识产权教程 [M]. 北京：知识产权出版社.

蒋和平，2006. 农业知识产权管理培训教材 [M]. 北京：气象出版社.

李韬，罗剑朝，2015. 农户土地承包经营权抵押贷款的行为响应——基于 Possion Hurdle 模型的微观经验考察 [J]. 管理世界 (7)：54-70.

李雪峰，郑根昌，2019. 现代农业技术推广的综合运用 [J]. 农村经济与科技，30 (18)：208-209.

李勇，2019. 现代农业经济中农业技术推广的作用及有效发挥 [J]. 农家参谋 (22)：8.

李铮玥，2019. 浅谈农村现代农业技术推广的发展 [J]. 农村实用技术 (10)：9-10.

刘丽松，2001. 资产评估前沿报告 [M]. 北京：中国经济出版社.

刘伍堂，2011. 专利资产评估 [M]. 北京：知识产权出版社.

刘艳艳，郭春雨，蔡辉益，2013. 国内外农业技术转移模式比较与借鉴 [J]. 中国农业科技导报，15 (6)：78-82.

聂晶，2017. 我国涉农融资担保模式的构建 [J]. 农业经济 (10)：132-134.

任海粟，2000. 国有无形资产资本化问题研究 [M]. 北京：中国财政经济出版社.

史立英，2016. 河北省贫困农村地区信贷担保体系的建立及模式选择 [J]. 特区经济 (1)：184-185.

宋敏，2010. 农业知识产权 [M]. 北京：中国农业出版社.

谭永强，田帅，刘蓉蓉，2020. 浅论农业高新技术发展趋势及应用前景 [J]. 农业科技管理，39 (4)：30-33.

吴观乐，2007. 专利代理实务 [M]. 北京：知识产权出版社.

吴枚烜，赵敏娟，霍学喜，等，2016. 荷兰农业产业发展新动态：知识集约驱动产业创新升级 ［J］. 世界农业（9）：41-44.

颜雪成，2019. 新时期农业新技术推广工作存在的问题及对策 ［J］. 种子科技，37（15）：143-144.

杨青，2000. 投资评级 ［M］. 北京：中国经济出版社.

于加鹏，2018. 融资担保机构发展情况的调查与思考——以甘肃省为例 ［J］. 甘肃金融（3）：64-67.

俞兴保，1995. 知识产权及其价值评估 ［M］. 北京：中国审计出版社.

张大明，2018. 农担联盟的风险控制与风险管理实践及启示 ［J］. 财务与会计（5）：39-41.

张化超，2020. 现代农业技术推广中存在的问题与对策研究 ［J］. 粮食科技与经济，45（2）：105-107.

张仁，2016. 融资性担保公司外部风险控制探析 ［J］. 新经济（21）：51.

张晓凌，陈彦，等，2020. 技术经纪人培训教程 ［M］. 北京：知识产权出版社.

张栩，宋兵，2018. 融资担保公司的内部风险控制—评《基于风险管理的企业内部控制框架构建》［J］. 企业管理（12）：114-115.

张正平，黄帆帆，卢欢，2021. 金融科技在农业供应链金融中的应用及完善 ［J］. 银行家（3）：124-126.

赵俊，2018. 德国、以色列经验对广东科技成果转移的借鉴 ［J］. 新经济（4）：38-42.

赵小平，2007. 地理标志的法律保护研究 ［M］. 北京：法律出版社.

郑成思，1998. 知识产权论 ［M］. 北京：法律出版社.

郑成思，1999. 知识产权价值评估中法律问题 ［M］. 北京：法律出版社.